国家安全知识简明读本

GUOJIAANQUANZHISHI
JIANMINGDUBEN

国家安全知识简明读本

气候问题与中国国家安全

张度　张海滨　著

国际文化出版公司

·北京·

图书在版编目（CIP）数据

气候问题与中国国家安全 / 张度，张海滨著. -北京：国际文化出版公司，2014.1（2024.5重印）

（国家安全知识简明读本）

ISBN 978-7-5125-0645-9

Ⅰ.①气… Ⅱ.①张… ②张… Ⅲ.①气候变化-影响-国家安全-研究-中国 Ⅳ.①P468.2②D631

中国版本图书馆CIP数据核字（2014）第012756号

国家安全知识简明读本·气候问题与中国国家安全

作　　者　张　度　张海滨
责任编辑　潘建农
特约策划　马燕冰
统筹监制　葛宏峰　刘　毅　徐　峰
策划编辑　刘露芳
美术编辑　秦　宇
出版发行　国际文化出版公司
经　　销　国文润华文化传媒（北京）有限责任公司
印　　刷　三河市同力彩印有限公司
开　　本　700毫米×1000毫米　16开
　　　　　9.5印张　121千字
版　　次　2014年9月第1版
　　　　　2024年5月第3次印刷
书　　号　ISBN 978-7-5125-0645-9
定　　价　39.80元

国际文化出版公司
北京市朝阳区东土城路乙9号　邮编：100013
总编室：（010）64270995　传真：（010）64270995
销售热线：（010）64271187
传真：（010）64271187-800
E-mail：icpc@95777.sina.net

目录

前言

环顾当今世界，气候变化问题已赫然成为国际关系的核心议题之一。气候变化因其前所未有的严重性、复杂性和紧迫性被国际社会公认为人类当前面临的最具挑战性的全球性问题之一，受到世界各国的高度关注。[1]而将气候变化与安全联系起来，探讨气候变化对国际安全和国家安全的影响则是近年来全球气候变化议题发展的新趋势，引人瞩目。

将环境问题与安全挂钩,阐述二者之间的互动关系并不是一个新领域，其历史最早可追溯到1972年的联合国人类环境会议。会议通过的《联合国人类环境宣言》指出:“人类及其环境必须免受核武器和其他一切大规模杀伤性武器的影响。各国必须努力在有关的国际机构内就消除和彻底销毁这种武器迅速达成协议。”这实际上已开始涉及环境与安全的某些方面。此后，环境与安全的研究逐渐兴起。冷战结束以后，世界环境与安全研究进一步发展，迎来了蓬勃发展的活跃期，成果显著。[2]但明确将气候变化与安全相联，具体探讨气候变化的安全含义，则是最近几年的新现象。

如果说，2004年2月美国国防部出资10万美元，委托美国全球商业网络咨询公司完成的一份题为《气候突变的情景及其对美国国家安全的意义》的秘密报告曝光，引起世界舆论的普遍关注，成为国际上有关气候变化与国家安全研究的先声，[3]那么，联合国2007年4月举行的气候变化与

[1] 在2005年达沃斯世界经济论坛上，来自世界各领域的领军人物投票选出了世界最棘手的六大问题，气候变化仅次于贫困和公平的全球化而位居第三。在2007年的投票中，气候变化上升为第一。

[2] 有关世界环境与安全研究的历史演变和主要成果，请参见张海滨：《有关世界环境与安全研究中的若干问题》,《国际政治研究》2008年第2期；German Advisory Council on Global Change, Climate Change as a Security.Risk，http://www.wbgu.de/wbgu_jg2007_engl.pdf.

[3] 在20世纪90年代，一些欧美学者，如加拿大学者霍默·狄克逊的研究已经指出气候变化可能导致冲突，但系统研究尚未出现，参见Homer Dixon, Environmental Scarcities and Violent Conflict: Evidence from Cases, International Security, Vol. 19, No. 1 (Fall 1994).

安全的公开辩论则有力地将政府对气候变化与安全问题的关注聚焦。2007年4月17日，应英国的要求，联合国安理会首次就气候变化对和平与安全的影响这一议题举行了公开辩论。五十多个国家的代表在会上发言，争论激烈。来自欧盟和小岛屿国家联盟的国家纷纷主张，气候变化问题是安全问题，安理会应对这一问题给予持续关注。而中国和代表“77国集团+中国”的巴基斯坦的代表则强调，气候变化本质上是可持续发展问题。安理会既不具备应对气候变化的专业能力，又不具备应对气候变化所需要的广泛性，不是讨论这一问题的合适场所。应对气候变化应由联合国大会和经社理事会来负责。秘书长潘基文指出，气候变化不仅导致严重的环境、社会和经济后果，也正在产生严重的安全影响，应以长远和全球的眼光来应对气候变化，包括安理会在内的联合国各相关机构都应为此而努力。[1]

2007年6月，联合国环境署发表了《苏丹：冲突后环境评估》报告。报告对苏丹达尔富尔地区的冲突成因进行了调查和分析。结论之一是气候变化等环境问题是达尔富尔冲突的重要潜在因素。其作用机制如下：气候变化和其他环境问题大大地加剧了苏丹干旱地区的贫困。贫困加剧资源短缺和迁徙。对资源的争夺和移民最终导致苏丹达尔富尔地区的冲突。[2] 此论一出，广受关注，现已成为联合国主张将气候变化问题安全化的关键例证。[3]

2007年10月，诺贝尔委员会将诺贝尔和平奖授予美国前副总统戈尔和联合国政府间气候变化专门委员会，以表彰他们“在创造以及传递更多的有关人为气候变化知识方面所付出的巨大努力，以及在应对气候变化问题所需要的各种措施方面所打下的坚实基础”。诺贝尔委员会强调：“显著的气候变化可能改变和威胁众多人口的生活条件，可能导致大规模移

[1] 详情参见：UN Security Council, SC/9000，“SECURITY COUNCIL HOLDS FIRST–EVER DEBATE ON IMPACT OF CLIMATE CHANGE ON PEACE, SECURITY, HEARING OVER 50 SPEAKERS,” http://www.un.org/News/Press/docs/2007/sc9000.doc.htm.

[2] UNEP, Sudan Post–Conflict Environmental Assessment, http://sudanreport.unep.ch/UNEP_Sudan.pdf.

[3] Ban Ki Moon, “ A Climate Culprit In Darfur” , Washington Post, Saturday, June 16, 2007; Page A15. 与此相关的讨论，请参见 Declan Butler, “Darfur's climate roots challenged” , Nature 447, 1038 (28 June 2007).

民，加剧对地球资源的争夺。气候变化将使那些世界上最脆弱的国家背上特别沉重的负担。国内和国际之间的暴力冲突和战争发生的危险性将会增加。”[1] 诺贝尔委员会此次授奖进一步在国际上强化了气候变化与安全密切相关这一认知。

处在国际气候谈判前沿的欧盟对这一问题相当敏感。联合国安理会有关气候与安全的公开辩论刚结束不久，欧盟理事会就在 2007 年 6 月做出决定，要求欧盟高级代表和委员会 2008 年春季向理事会提交气候变化对国际安全的影响的报告。2008 年 3 月，该报告出台。报告指出气候变化是威胁的倍增器，列出了气候变化带来的六大威胁，即因争夺资源而起的冲突，给沿海城市和关键基础设施造成经济损失，导致领土减少和边界争端，环境导致的移民，增加国家的脆弱性和政治激进化倾向，加剧能源供应方面的冲突和紧张局势。对国际治理的压力加大。报告强调，气候变化对国际安全的影响不是国际社会未来而是今天面临的挑战，而且今后将伴随着我们。[2]

此时，在大西洋的另一边，美国政府也在紧锣密鼓，加紧研究工作。2008 年 6 月美国国家情报委员会在美国 16 个主要情报机构的共同支持下完成了一份关于气候变化对国家安全的影响的秘密评估报告，并提交给美国国会。美国国家情报委员会的评估报告认为，全球气候变化将在未来的 20 年对美国的国家安全利益产生广泛的影响。虽然与大多数国家相比，美国受气候变化的影响要小，在应对气候变化方面的条件也更好，甚至农业产量的增加会带来收益，但基础设施的维修和重建的代价将是高昂的。气候变化对美国最大的影响将是间接的，来自气候变化对其他国家产生的后果。这些后果可能严重影响美国的国家安全利益。展望 2030 年，气候变化单独不可能引发国家失败，但其影响将使现存的问题，如贫困、社会

[1] The Norwegian Nobel Committee , The Nobel Peace Prize for 2007, http://nobelprize.org/nobel_prizes/peace/laureates/2007/press.html.

[2] Climate Change and International Security, Paper from the High Representative and the European Commission to the European Council 14 March 2008, http://www.consilium.europa.eu/ueDocs/cms_Data/docs/pressData/en/reports/99387.pdf.

冲突、环境恶化、政治制度脆弱等更加严重。气候变化可能威胁一些国家的国内稳定，特别是围绕如何获得日益匮乏的水资源，可能对国内冲突甚至国际冲突造成潜在影响。由于恶劣的气候条件，国内移民和从穷国到富国的移民现象可能增加。

具体而言，在美国国内，应对阿拉斯加的冰雪融化、西南部的水资源短缺、东海岸和墨西哥湾沿岸地区的暴风雨需要付出高昂的代价对基础设施进行修补、升级和调整。气候变暖将在夏季造成更多的火灾。当前的基础设施设计标准和施工准则都不足以应对气候变化。美国沿海的不少军事设施受到暴风雨的影响。其中有二十多个核设施及无数的加工厂将受到影响。美国非洲司令部将面临非常复杂的救援行动。美国将面临来自南美更大的移民压力。由于气候变化将导致更多的人道主义灾难，国际社会的应对能力将日益缺乏。美国将受到更大压力来采取更多的军事救援行动，从而对美军的战备造成影响。今后，环境和人权非政府组织可能要求将难民身份扩大到包括因环境和气候变化导致的移民，这会对美国的稳定产生影响。另外，发展中国家可能要求修改世界贸易组织知识产权协议，复制发达国家的绿色技术，就像复制艾滋病药物一样。在多边场合，要求美国承担领导的呼声越来越高，美国在全球的领导地位越来越取决于美国在多大程度上能团结各国在应对气候变化方面采取协调行动。这份报告以国家稳定为安全评估的中心，以 IPCC 第四份报告中比较温和的前景分析结果为科学依据。[1]

奥巴马当选美国总统后，在气候变化和国家安全的问题上更是旗帜鲜明地表示:“气候变化是一个紧迫的问题，是一个国家安全的问题，必须严肃对待”。[2] 据美国《纽约时报》2009 年 8 月报道，奥巴马政府已将气候变化对美国军事和外交的挑战列入政府的核心议程。为此，美国国防部

[1] Thomas Fingar, National Intelligence Assessment on the National Security Implications of Global Climate Change to 2030, http://www.dni.gov/testimonies/20080625_testimony.pdf.

[2] Steve Holland, Obama says climate change a matter of national security, Reuters, Tue Dec 9, 2008.

在2010年发布的《四年防务评估报告》增设气候变化一节。美国国务院也在其下一个《四年外交与发展评估报告》中增设气候变化一节。气候变化对美国国家安全的威胁和挑战第一次被美国军方正式予以确认。[1]

位于大洋洲的澳大利亚在对待气候变化的问题上也发生了引人注目的变化。2008年12月4日，澳大利亚总理陆克文在议会宣读了他上台以来的第一份《国家安全报告》。他指出，在国家安全问题上，澳大利亚过去一直忽视了气候变化的威胁。它和其他传统威胁一样，也能给澳大利亚国家安全带来威胁。他强调说："从长远看，气候变化对澳大利亚构成最根本的国家安全挑战……显著的气候变化将导致人口流动失控、粮食减产、耕地减少、极端天气以及随之而来的灾难性事件。这是一个新兴的领域，需要我们把气候变化正式纳入澳大利亚国家安全政策。"[2]

严格地说，最早将气候变化视为安全威胁的，既非大国，也非联合国和欧盟等国际组织，而是散布于各大洋上的小岛屿国家。在20世纪80年代，当全球变暖还只是一个有趣的假设的时候，[3]一些小岛屿国家就开始意识到气候变化对国家生存的影响。比如，在1987年联合国第42届联大上，马尔代夫总统加尧姆（Gayoom）发言强调："对我的祖国马尔代夫而言，海平面平均上升两米，就可以完全将马尔代夫整个国家1190个岛屿统统淹没。因为绝大多数岛屿海拔高度都在两米以下，这将是一个国家的灭亡。即使海平面只上升一米，一场风暴也将是灾难性的，甚至可能是致命的。"[4]气候变化已"对人类的生存构成威胁"。[5]加尧姆因此被视为世界

[1] JOHN M. BRODER, Climate Change Seen as Threat to U.S. Security, New York Times, August 8, 2009.

[2] THE FIRST NATIONAL SECURITY STATEMENT TO THE AUSTRALIAN PARLIAMENT, Address by the Prime Minister of Australia Kevin Rudd , 4 December 2008. http://www.theaustralian.news.com.au/files/security.pdf.

[3] The Norwegian Nobel Committee , "The Nobel Peace Prize for 2007" , http://nobelprize.org/nobel_prizes/peace/laureates/2007/press.html.

[4] ADDRESS BY HIS EXCELLENCY MR. MAUMOON ABDUL GAYOOM, PRESIDENT OF THE REPUBLIC OF MALDIVES, BEFORE THE FORTY SECOND SESSION OF THE UNITED NATIONS GENERAL ASSEMBLY ON THE SPECIAL DEBATE ON ENVIRONMENT AND DEVELOPMENT, 19 October 1987. http://papers.risingsea.net/Maldives/Gayoom_speech.html.

[5] 同上。

上最早呼吁关注气候变化的安全影响的国家领导人。[1]20 世纪 90 年代以来，在每年的联合国大会上，小岛屿国家领导人都言必称气候变化对本国安全的影响。2008 年 11 月马尔代夫新当选总统穆罕默德·纳希德(Mohamed Nasheed) 对外宣布，他将开始从每年 10 多亿美元的旅游收入中拨出一部分，纳入一笔“主权财富基金”，用来购买新国土，一旦海平面上升加剧，为马尔代夫举国搬迁做好准备。消息一出，舆论哗然。其实，这并非创举。早在 2001 年，图瓦鲁政府就已正式向澳大利亚和新西兰提出举国搬迁至两国的申请。[2] 在 2008 年的联合国大会上，小岛屿国家联盟和太平洋岛屿论坛的成员国纷纷呼吁安理会通过一项决议，将气候变化对小岛屿国家的影响作为一个重要的安全关切。基里巴斯总统在会上还呼吁发达国家尤其是澳大利亚和新西兰制订紧急计划，帮助安置面临气候变化威胁的基里巴斯的 10 万人口。[3] 在 2009 年 8 月 6 日结束的第四十届太平洋岛国论坛领导人会议上，与会的 15 国领导人一致表示，当前，约有 50% 的太平洋岛国人口居住在距离海岸线 1.5 公里的范围内，直接受到气候变化带来的负面影响。气候变化严重并持续地威胁着太平洋岛国，并对该地区经济发展、粮食安全和人民生存状况带来了严峻挑战。会议呼吁国际社会行动起来，向太平洋岛国提供帮助，避免这些小岛国在地球上消失。[4] 小岛屿国家一浪高过一浪的求救声令世界为之揪心。

显而易见，世界范围内气候变化“安全化”的趋势日益凸显，反映了国际社会对气候变化问题的认识进一步扩展和深化。那么，作为安理会常任理事国，对世界和平与安全负有重大责任的中国应如何认识和评估这一重大的变化呢？形势的发展客观上要求中国做出审慎的思考和全面的回

---

[1] The Embassy of the Republic of Maldives in the United States,President Gayoom presented with the 2008 Sustainable Development Leadership Award , http://www.maldivesembassy.us/front_content.php?idcat=32&idart=114.

[2] Kathy Marks, Tuvalu's global warming fear, The Independent, Friday, 20 July 2001，http://www.independent.co.uk/environment/tuvalus-global-warming-fear-678310.html.

[3] UN news, Small island states push for Security Council action, http://www.earthportal.org/news/?p=1730.

[4] 李渊 :《太平洋岛国正遭受气候变化严重威胁》,《人民日报》2009 年 8 月 7 日第 3 版。

应。而且作为世界公认的环境大国，在与全球环境有关的问题上，中国应该发出强有力的声音。这既是中国的责任，也是世界的期待。[1]

再让我们把目光投向国内。在全球气候治理日趋强化的背景下，中国虽然在人均和历史累积排放方面远低于发达国家，但由于排放总量大，排放增长快，排放潜力大，加之中国是受气候变化影响最大的地区之一，中国正面临着越来越大的国际国内压力。

从国际上看，要求中国在应对气候变化方面做出更大努力的呼声不仅来自欧美发达国家，也来自一些小岛屿国家，甚至还来自联合国。联合国秘书长潘基文在 2009 年 7 月底访华期间，强调中国是哥本哈根气候谈判成功的关键："今天中国已经是全球性大国。全球性大国应该承担全球性责任。没有中国，今年新的全球气候框架的谈判就无法取得成功。但是有了中国的参与，今年哥本哈根谈判达成协议就有了极大的可能性。……随着哥本哈根峰会的来临，我希望中国进一步承担随着成为全球强国而来的全球责任。"[2] 他对中国提出的具体要求是："在哥本哈根会议之前，中国在减缓行动方面发出强有力的信号，将推动哥本哈根谈判进程。"[3]

从国内看，气候变化已经并将继续对中国产生重大的负面影响。根据中国政府 2007 年公布的《中国应对气候变化国家方案》，"气候变化已经对中国产生了一定的影响，造成了沿海海平面上升、西北冰川面积减少、春季物候期提前等，而且未来将继续对中国自然生态系统和经济社会系统产生重要影响。"[4] 在应对气候变化方面，中国面临七大挑战：第一，对中国现有发展模式提出了重大的挑战。第二，对中国以煤为主的能源结构提出了巨大的挑战。第三，对中国能源技术自主创新提出了严峻的挑战。第

[1] 莫里斯·斯特朗：《建立全球环境治理的新模式》，载张海滨著《环境与国际关系：全球环境问题的理性思考》，上海人民出版社 2008 年版。

[2] UN Department of Public Information, Secretary–General underscores china' s potential to influence climate change negotiations during launch of 'green lights' programme, 24 July 2009, http://www.un.org/News/Press/docs/2009/sgsm12380.doc.htm.

[3] 同上。

[4] 中国国家发展和改革委员会组织编制：《中国应对气候变化国家方案》，http://www.ccchina.gov.cn/WebSite/CCChina/UpFile/File189.pdf。

四，对中国森林资源保护和发展提出了诸多挑战。第五，对中国农业领域适应气候变化提出了长期的挑战。第六，对中国水资源开发和保护领域适应气候变化提出了新的挑战。第七，对中国沿海地区应对气候变化的能力提出了现实的挑战。[1]

面对国内外的压力，中国政府把积极应对气候变化作为关系经济社会发展全局的重大议题，纳入经济社会发展中长期规划。2006年，中国提出了2010年单位国内生产总值能耗比2005年下降20%左右的约束性指标，2007年在发展中国家中第一个制定并实施了应对气候变化国家方案，2009年确定了到2020年单位国内生产总值温室气体排放比2005年下降40% ~45%的行动目标。

胡锦涛在2008年中共中央政治局第六次集体学习时强调，妥善应对气候变化，事关我国经济社会发展全局和人民群众切身利益，事关国家根本利益。必须以对中华民族和全人类长远发展高度负责的精神，充分认识应对气候变化的重要性和紧迫性，坚定不移地走可持续发展道路，采取更加有力的政策措施，全面加强应对气候变化能力建设，为我国和全球可持续发展事业进行不懈努力。[2]胡锦涛的这段话以两个"事关"，高度概括了气候变化问题对中国的重要性，也揭示了研究气候变化与中国国家安全之间关系的必要性和紧迫性。新华社2008年11月7日报道，经总参谋部批准，军队气候变化专家委员会2008年11月6日在京成立，主要为军队科学应对气候变化提供决策支持和技术支撑，有效指导部队作战训练和防灾救灾等任务。[3]这条不为一般人所关注的简短消息，透露了一个重要的信息：中国军方正在将气候变化与军事安全联系起来。

基于上述的国际与国内背景，本书针对有关气候变化与中国国家安全的相关知识进行了简要的梳理。气候变化关乎中国的国家安全，因为：气

[1] 同上。

[2]《胡锦涛在中共中央政治局第六次集体学习时强调坚定不移走可持续发展道路加强应对气候变化能力建设》，2008年06月28日，新华电讯（http://news.xinhuanet.com/newscenter/2008-06/28/content_8454350.htm）。

[3] http://news.xinhuanet.com/newscenter/2008-11/07/content_10323151.htm.

候变化导致海平面上升，海平面上升导致中国陆地领土面积减少，并威胁中国沿海大城市及其海域疆界；气候变化加剧中国荒漠化，使中国领土的质量严重下降，挤压中国的生存空间；气候变化对中国水资源和粮食生产产生负面影响，并通过增加极端气候事件的频率和强度对中国国民的生命、财产和生活质量产生严重影响；气候变化使中国面临日益增大的国际国内压力，政府的自主选择空间日益受到挤压，治理能力受到进一步挑战；气候变化对中国的重大国防和战略性工程以及军队建设的负面影响正在显现。此外，我国西部冰川的融化导致河川径流减少，可能会导致跨境水资源的争夺和跨国移民潮，引发国际争端和冲突。所以，中国不仅应该把应对气候变化纳入国民经济和社会发展规划，而且应该将其置于国家安全的总体框架下统筹规划。本书为此提出了具体的对策建议。

第一章　分析框架

我们一直把气候变化问题看成是环境问题和发展问题。但越来越多的事实表明，气候变化对中国国家安全的影响正在加深。缺乏这一视角将使中国在应对气候变化时，难以达到应有的战略高度和保持足够的政策力度。中国不仅要把应对气候变化纳入国民经济和社会发展规划，还应该将其置于国家安全的总体框架下统筹规划。

第一节 中国国内有关气候变化与国家安全的研究

气候变化是中国的国家安全问题吗？

这个问题在国内真正受到关注始于2004年。2004年2月美国的一份秘密报告《气候突变的情景及其对美国国家安全的意义》曝光。由于该报告多处论及气候变化对中国的影响和中国与周边国家发生冲突的可能性，引起了中国领导人的高度重视，并批示加强研究。[1] 今天，国内学术界和政策部门对这一问题的回答依然充满争议。

主张将气候变化列为中国国家安全议题的主要来自中国环保界和气候界的人士以及当代中国的大学生。中国环保界的元老曲格平先生在《关注中国生态安全》一书中就明确提出，气候变化问题应被视为中国的安全问题，予以高度重视。[2] 中国环保界的另一位重量级人士，前国家环保总局局长、现负责中国气候保护事务的国家发改委副主任解振华在其主编的《国家环境安全战略报告》中将气候变化列为中国国家环境安全的重要威胁。[3] 中国环境学者王金南等人在《环境安全管理：评估与预警》一书中认为，气候变化对中国的环境安全构成威胁。[4] 另一位中国的环境学者余某昌在其所著的《生态安全》一书中也主张气候变化应被列为中国生态安全的主要威胁之一。[5] 来自中国气候界的罗勇和张海东等人则在《气象灾害和气候变化对国家安全的影响》一文中从气象灾害角度探讨了气候变化对中国国家安全的影响。[6] 与此相关，香港大学的章典（David Zhang）等人对工业革命前的气候变化对战争爆发和人口下降的影响进行了大尺度的量化研究，结论是包括中国在内的世界各地的战争与和平的交替主要是由长期的

[1] 李键：《2010中国气候突变?》，《中国青年报》2004年7月7日，B3版。
[2] 曲格平：《关注中国生态安全》，中国环境科学出版社2004年版。
[3] 解振华主编：《国家环境安全战略报告》，中国环境科学出版社2005年版。
[4] 王金南等著：《环境安全管理：评估与预警》，科学出版社2007年版。
[5] 余某昌：《生态安全》，陕西人民教育出版社2006年版。
[6] 张海东、罗勇等：《气象灾害和气候变化对国家安全的影响》，《气候变化研究进展》2006年第3期。

气候变化所致。[1]

在中国国际关系学界，关注气候变化与国家安全的学者尚不多见。北京大学王缉思教授在 2007 年撰文强调："非传统安全问题，如能源、国际恐怖主义、环境保护和气候变化问题等等，本身是跨越国界的，并且在国家安全和国家利益中占据越来越重要的地位，因此应当成为国际战略中的重要组成部分。"[2] 值得一提的是，中国军方也开始关注气候变化与国家安全的问题。中国人民解放军前副总参谋长、中国国际战略学会会长熊光楷将军在阐述中国的安全政策时，认为中国国家安全的内涵应不断扩展，包括气候安全。他提出："从横向的、多方位的角度看，国家安全的内涵和外延同样在不断扩展和延伸，由军事和政治领域拓展和延伸到经济、文化、信息、金融等诸多领域。除恐怖主义外，当前比较突出的还有能源安全、气候安全和公共卫生安全。"[3]

非常有意思的是，一份 2007 年"中国七省市高校学生安全观调查"显示，针对"目前中国面临的主要安全问题是什么？"这一问题，受访大学生在八个备选答案（台湾问题、国内社会矛盾、能源安全、环境安全、经济安全、国土安全、恐怖主义和个人安全）中，将环境安全（包括气候问题）列为第四重要的安全问题，仅次于台湾问题、国内社会矛盾和能源安全。[4]

而强烈质疑气候变化影响中国国家安全的人士主要来自经济学界和国际关系学界，颇具代表性的两种观点分别是"气候夸大论"和"气候阴谋论"。

在著名经济学家茅于轼看来，气候变暖的问题在于人类的适应性，即人类如何适应气候变暖的过程。气候变暖的问题在于人类的适应性气候变化对中国的影响被严重夸大了，其实远没有那么大："举个例子，被人类普遍关注的海平面上升，会造成多大的经济后果呢？就拿中国的情况看，

[1] David D. Zhang, Peter Brecke, Harry F. Lee, Yuan-Qing He and Jane Zhang, Global climate change, war, and population decline in recent human history, Proceedings of the National Academy of Sciences of the United States of America，2007-Dec; vol 104 (issue 49) : pp 19214-19219.

[2] 王缉思：《关于构筑中国国际战略的几点看法》，《国际政治研究》2007 年第 4 期，第 2 页。

[3] 熊光楷：《当今中国的安全政策》，《国际战略研究》2008 年第 4 期，第 2 页。

[4] 陈迎：《从安全视角看环境与气候变化问题》，《世界经济与政治》2008 年第 4 期，第 46 页。

中国有18000公里的海岸线，如果海平面上升，我们可以修一个堤坝，把海水挡在外面。18000公里海岸线，假如修一米堤坝需要花费1000元钱，18000公里堤坝则需要180亿。苏州市一天的税收是一个亿，半年180天，苏州市半年的税收可以修这样一个海堤。海平面上升一米是好几百年的问题，只用半年的税收就足以抵挡几百年才会积累起来的问题，看起来不是一个很了不起的事。当然我的说法有人会反对，因为还有河流、湖泊，不光是海岸线需要修坝，河流也需要修，如果是其他贫穷的国家要修这条堤坝，180亿就解决不了问题。但我用这个例子是要给大家一个大概的印象，这个问题到底能有多严重。"[1] 据他分析，气候变化问题被人为夸大的原因，一是缺乏准确的气候变化对应的GDP损失数据，二是可能存在某种职业利益，一些人有意把这个事情说得严重，对他自己有好处。[2]

在吉林大学教授杨学祥看来，西方人士、媒体热衷于鼓吹的"全球变暖说"、"气候威胁论"，描绘世界灾难的可怕远景，是一种缺乏科学根据的"气候恐怖主义"的炒作，是西方国家争夺世界资源的"烟幕弹"，而且矛头直指中国，"这些气候恐怖主义者的恐怖袭击手法远远高于一般的恐怖主义"，中国应"防止少数国家以减排为名压制发展中国家的发展"。他这样写道："值得关注的是，在这种'气候恐怖主义'炒作的背后，很多西方媒体甚至把矛头指向中国。有西方科学家预测，中国即将提前成为温室气体最大排放国，'中国环境威胁论'以及批评中国从海外获取资源的声音也时常出现在各国媒体的报道中。最近，英国外交大臣贝克特在一次讲话中说，气候变化已成为安全问题和国防问题，因此需要建立一个尽可能广泛的国际政治联盟，通过政治和外交手段来解决。尽管英国强调目前不寻求安理会对不履行环保义务的国家采取制裁行动，但她曾表示，英国将在联合国、八国集团和欧盟等各种层面推动建立相应的激励和惩罚机制。这些动态都是危险的先兆，像美国这样的强国都不能承受'减排二氧

[1] 茅于轼：《气候变暖与人类的适应性——气候变化的物理学和经济学分析》，《绿叶》2008年第8期。
[2] 同上。

化碳’之重，西方竟有人要通过减排来打压中国。”[1]

全国人大环资委法案室的翟勇认为：“气候变化本应由科学家们探讨和论说的一个科学上的问题，却引起越来越多政治家们的关心和重视，主要原因是一些西方国家也力图使之政治化，利用它，达到在国际政治、经济博弈中占居优势地位的目的。……随着发展中国家，特别是中国经济社会的不断发展、进步，他们在世界经济事务中的地位日益重要，政治地位也随之攀升。使得那些意图永远主宰世界的政治家、思想家们感到不安和忧虑了，而这其中最使他们忧虑的是中国的崛起。……因此，如何在经济上遏制中国，就成为政治家们图谋的唯一出路了。气候变化恰好被一些别有用心的人臆想成可以唤起全世界的环保主义者和忧虑环境问题的人们反对中国的发展、进步，成为他们用来遏制中国经济发展的重要武器。”[2]

目前，我国国际关系学界在这个问题上基本保持着沉默。[3] 其中一个原因很可能是与上述二位学者类似，大部分学者对气候变化的真实性和严重性依然持怀疑态度。[4]

如果对我国政府关于气候变化与国家安全的立场做一个前后比较，不难看出其中某种连贯性的缺失和自相矛盾之嫌，值得我们严肃对待。2002年，中国政府发表了《中国关于新安全观的立场文件》，强调：“冷战结束后，国际关系的缓和、世界经济的发展成为国际形势的基本特征。在新的历史条件下，安全的含义已演变为一个综合概念，其内容由军事和政治扩展到经济、科技、环境、文化等诸多领域。寻求安全的手段趋向多元化，加强对话与合作成为寻求共同安全的重要途径。”[5]2004年，中国在其国防

---

[1] 杨学祥：《提防“气候恐怖主义”偷袭中国》，《环球时报》2007年4月24日，第11版。

[2] 翟勇：《气候变化的博弈》，中国人大网（http://www.npc.gov.cn/npc/bmzz/huanjing/2008-01/18/content_1390148.htm）。

[3] 2009年8月27日在北京大学国际关系学院主办的“中国60年国家安全战略”研讨会上，为数不少的国际关系学者认为气候变化是西方的一个阴谋。

[4] 比如，在我国国家关系学界，一种颇有代表性的观点认为气候变化本是一个似是而非、见仁见智的话题，但是如今在西方强大舆论攻势下，却变成了世界的“定理”，参见江涌：《碳排放：中国工业化的绞索？——中国经济安全系列之二十二》，《世界知识》2009年第13期。

[5] 参见《中国关于新安全观的立场文件》（http://www.china.org.cn/chinese/2002/Aug/182123.htm）。

白皮书中第一次将可持续发展列为中国国家安全的基本目标之一："中国维护国家安全的基本目标和任务是：制止分裂，促进统一，防备和抵抗侵略，捍卫国家主权、领土完整和海洋权益；维护国家发展利益，促进经济社会全面、协调、可持续发展，不断增强综合国力；坚持国防建设与经济建设协调发展的方针，建立符合中国国情和适应世界军事发展趋势的现代化国防，提高信息化条件下的防卫作战能力；保障人民群众的政治、经济、文化权益，严厉打击各种犯罪活动，保持正常社会秩序和社会稳定；奉行独立自主的和平外交政策，坚持互信、互利、平等、协作的新安全观，争取较长时期的良好国际环境和周边环境。"[1]

从以上政策宣示看，气候变化作为重大的环境问题理当属于国家安全问题。2007 年 4 月 17 日联合国安理会举行专题会议，就能源、安全和气候变化之间的关系问题进行公开辩论。安理会参与讨论气候变化，既无助于各国减缓气候变化的努力，也难以帮助受影响的发展中国家有效应对气候变化。

第二节　国外有关气候变化与国家安全的研究

近年来，美国有关气候变化与国家安全的研究发展迅速，成果频出。2003 年 10 月，美国国防部出资委托美国全球商业网络咨询公司完成的题为《气候突变的情景及其对美国国家安全的意义》的秘密报告。2004 年 2 月该报告曝光，引起世界舆论的普遍关注，成为美国气候变化与国家安全研究的先声。2005 年的"卡特里娜"飓风重创美国，气候变化议题吸引了美国人更多的眼球。美国政府、学界以及智库加大了对气候变化与国家安全的研究力度，一系列研究报告和学术文章相继面世。其中具有代表性的研究成果包括：2007 年 4 月由一批美国退役高级将领组成的美国海军分析中心军事咨询委员会发表的报告——《国家安全与气候变化威胁》；

[1]《〈2004 年中国的国防〉白皮书》(http://mil.qianlong.com/4919/2004/12/27/Zt228@2444793.htm)。

2007年11月美国战略与国际问题研究中心和美国新安全研究中心推出的报告——《后果降临的年代:全球气候变化对外交政策和国家安全的含义》;2007年11月美国对外关系委员会推出的报告——《气候变化与国家安全:一份行动纲领》;美国得克萨斯大学学者布斯比(JoshuaW.Busby)2008年秋季在《安全研究》杂志发表的题为《谁关注气候?气候变化与美国国家安全》的论文等。目前,气候变化与国家安全已成为美国政府、智库和国际关系学界研究的热门课题。

报告《气候突变的情景及其对美国国家安全的意义》旨在设想全球气候变化可能导致的最坏的可能性,并为美国提出应对之策。报告开篇即指出,根据最新的研究成果表明,一旦气温上升到一定的关口,反常的气候现象就会急剧发生,预言:"今后20年内,全球气候将发生突变,一场全球性灾难就摆在我们面前,成百上千的人将在自然灾害中死亡","亚洲和北美洲的年平均温度下降2.8摄氏度,北欧下降3.3摄氏度……到2020年,欧洲的沿海城市将被上升的海平面所淹没,英国气候将像西伯利亚一样寒冷干燥。核战、大旱、饥饿和暴乱等问题将困扰全球各国。"报告强调,今天,地球的承载能力已经在全球受到了挑战。而天气的剧变则使得本来就已经濒临极限的承载能力进一步受到破坏。这样以争夺食物、水和能源为目的的侵略性战争就更容易爆发了。面对地球承载能力的急剧下降,一个国家最有可能的反应就是进攻或是防守。比如,因为天气剧变所引起的饥荒、疾病和一些自然灾害,很多国家的需求将会大大超出地球承载能力的范围,这将导致一种国家的绝望感,使国家更具攻击性。所以,天气剧变所引发的压力会导致暴力和分裂,严重影响到地区的稳定和地缘政治环境,进而对国家安全造成巨大的威胁(其分析逻辑见表1-1)。报告最后指出,由于这些可怕的潜在后果,气候突变的风险尽管不确定性很大,而且发生的可能性很小,完全应该将对其的关注提高到美国国家安全的高度,不应只停留在科学争论上。[1]

表1–1　气候变化与国家安全的关系

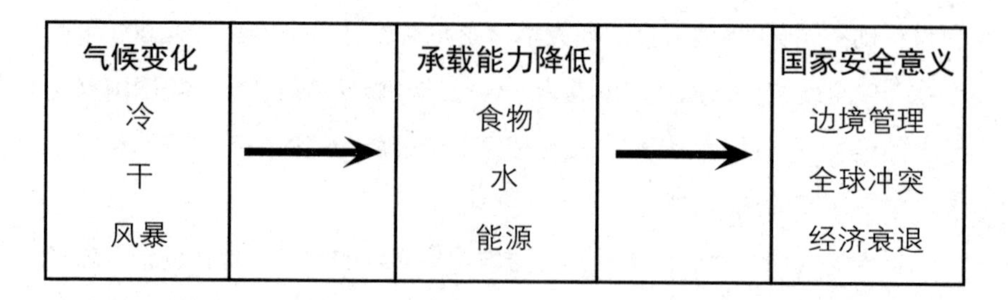

气候变化		承载能力降低		国家安全意义
冷	→	食物	→	边境管理
干		水		全球冲突
风暴		能源		经济衰退

报告甚至警告：今后 20 年全球气候变化对人类构成的威胁要超过恐怖主义。这份报告的公布在国际上产生了轰动效应。一方面，该报告的军事背景和对气候变化灾难性后果的大肆渲染令各国为之一震。另一方面，由于该报告以最坏的设想为基础，追求的是耸人听闻的效果，不少地方都有夸大其词之嫌，其可靠性和可信度受到不少人的质疑。

针对这一报告存在的科学性不够的问题，报告《国家安全与气候变化威胁》以 2007 年发布的联合国政府间气候变化专门委员会（IPCC）第四次科学评估报告为依据，继续从军事角度分析了气候变化对美国国家安全的潜在影响。该报告集中回答了三个问题：第一，气候变化在全球范围产生的哪些后果对美国构成安全上的风险？第二，气候变化如何影响美国的国家安全利益？第三，美国如何应对？报告从国家安全的首要目标是稳定这一观点出发，始终以气候变化与稳定的关联为分析主线。报告强调，气候变化对美国国家安全构成严重威胁，主要表现在：第一，气候变化威胁美国的生活方式。极端气候事件、洪涝灾害、海平面上升、冰川后退、生物栖息地的改变以及威胁生命的疾病的快速传播可能破坏美国的生活方式并强行改变其维护自身安全的方式。第二，气候变化导致并恶化其他地区

[1] 彼得·施瓦兹、达哥·兰德尔：《气候突变的情景及其对美国国家安全的意义》，国家气候中心刘洪滨、高学杰、任国玉、戴晓苏、徐影、王长科、张莉、赵宗慈、吴统文、刘绿柳和李伟平译，罗勇、刘洪滨校对，2003 年 10 月（http://www.ipcc.cma.gov.cn/upload/unfccc/Climate_Change_and_National_Security–c.pdf）。

的不稳定，使美国可能更多地卷入地区冲突。第三，气候变化威胁美国内部的稳定。欧洲和美国都将受到国外因为粮食减产、干旱等引起的移民潮和难民潮的影响。在反恐问题上，报告认为，气候变化将拖长反恐战争，因为气候变化导致更多贫困、失业和环境难民，而这正是恐怖主义发展的条件。反恐不如防恐，防止气候变化实际上是在源头上防止恐怖主义的产生和发展。因此，气候变化、国家安全和能源依赖是相互影响的全球性挑战。报告对美国政府的建议是：把气候变化的威胁纳入美国国家安全防御战略体系，美国应在国内外发挥积极作用，以避免气候变化破坏全球安全和稳定；美国应向国际社会承诺，帮助欠发达国家更好地应对气候变化的影响；国防部应加快改进业务流程和技术革新，通过提高效能加强美军战斗力；国防部应评估海平面上升、极端天气气候事件等对军事设施的影响。[1] 与前一份报告相比，由于该报告以 IPCC 的结论为基础，反映的是美国一群退役的著名高级将领的观点，其结论的可信度和影响力在美国政界和学术界更高。

与上述两份报告不同的是，报告《后果降临的年代：全球气候变化对外交政策和国家安全的含义》在研究的科学基础、时间跨度和分析层次上都做了新的尝试。该报告结合了 IPCC 和其他科学家的研究成果，设想了未来气候变化的三种情景，并据此探讨了不同情景下气候变化对国际和美国安全的影响（详见表 1-2）。在研究的时段上，该报告的时间跨度长达 100 年；在分析层次上，该报告既包括国家层次，也包括区域和全球层次。报告最后从全球角度和地缘政治层面总结了十大结论：软实力问题将更突出，南北之间的紧张关系将加剧；国内和跨境移民将增加，产生严重的不良后果；公共卫生问题日趋严重；资源冲突和脆弱性将增加；核活动及其风险将增加；全球治理面临的挑战将大增；国内政治动荡和国家失败现象将出现；均势将以一种无法预测的方式发生变化；中国的作用至关重

[1] The CNA Corporation, National Security and the Threat of Climate Change ,http://securityandclimate.cna.org/report/National%20Security%20and%20the%20Threat%20of%20Climate%20Change.pdf.

要；美国必须积极应对气候变化。[1]

表1–2 不同气候变化情景下的主要环境压力和国家安全含义

	情景1	情景2	情景3
气候变化幅度	平均温度上升摄氏1.3度，海平面上升0.23米，时间跨度为30年	平均温度上升2.6摄氏度，海平面上升0.52米，时间跨度为30年。	平均温度上升5.6摄氏度，海平面上升2米，时间跨度100年。
主要环境压力	水资源短缺影响17亿人。 一些传染性疾病的媒介和敏感性花粉植物的分布发生变化。 另有300万人受洪水的影响。 由于粮食减产，3000万人面临饥饿的危险。	水资源短缺影响20亿人。 由营养不良、疟疾、传染性疾病造成的负担加重。 1500万人受到洪水的影响。 海洋和生态系统发生变化。	水资源短缺影响32亿人。 热浪、洪水和干旱导致的发病率和死亡率增加。 沿海30%的湿地消失。 另有1.2亿人因粮食产量下降遭受饥饿的危险。 南欧的对流循环可能崩溃。
对国家安全的主要影响	人口迁移导致争夺资源的冲突；国家爆发大规模传染性疾病，对旅游进行限制，影响国民收入；对政府的不满导致国内政治的激进化，在脆弱的国家形成激进主义的安全避风港；天然气和生物燃料的输出国在地缘政治上将处于有利地位，能源进口国则在战略上和经济上处于不利地位；社会服务对中央政府形成日益沉重的负担；由于水资源危机，土耳其和一些国家在地区的重要性上升。	社会中最富裕的群体与其他群体的差距拉大，民主治理的道德和合理性受到质疑；全球鱼类资源减少，一些国家之间的竞争加剧；政府由于缺乏必要资源可能将水资源私有化，而过去一些贫穷国家的经验显示，这可能导致暴力抗议和政治动荡；建立在一体化基础上的金融和生产体系的崩溃可能导致全球化的结束和全球经济的急速下滑；与政府相比，公司的影响力日益增大；结盟体系和多边制度可能瓦解。	来自南方邻国数以百万计的移民涌入美国，将成为美国主要的安全和人道主义关切；俄罗斯人口的减少将难以防止中国对西伯利亚地区的控制，这两个不稳定的核大国之间发生冲突的可能性很高；对政府无力应对突发危机的愤怒增加；宗教狂热加剧；对移民和少数民族团体的敌意和暴力行为增加；利他主义和慷慨的行为将受到影响；美国的全球到达将因后勤和近海地区任务的增加受到根本制约；电力生产和分配非常容易受到恐怖主义和流氓国家的攻击。

[1] Kurt M. Campbell, Jay Gulledge,al. “The Age of Consequences: The Foreign Policy and National Security Implications of Global Climate Change” , http://www.csis.org/media/csis/pubs/071105_ageofconsequences.pdf.

报告《气候变化与国家安全：一份行动纲领》的最大特色是将重点集中在对策建议方面。报告认为，气候变化对美国的基本生存不构成威胁，但对美国国家安全造成了直接的威胁。为此，报告向美国政府提出了非常具体的对策建议：第一，美国应优先实施无悔政策，即使气候变化的后果今后没有人们现在所担忧的那么严重，美国也不会为这些政策的实施感到后悔。这些政策包括提高沿海地区的建筑标准和规范，加大对撤离和重新安置战略的投入力度和保护水资源等。在国际层面，加强各国军界在环境安全领域的对话与合作。第二，美国应发展具有协同效应的政策，如既能应对气候变化，又能促进经济发展的政策，如大力支持基础设施的建设，对沿海地区易受气候变化影响的基础设施予以重点倾斜。美国应尽快签署《联合国海洋法公约》，以应对北极冰川融化可能对美国利益的损害。第三，重视适应。政府应采取措施，鼓励个人和企业减少风险，比如，制定建筑标准，确保联邦灾难保险金不用来鼓励危险性大的沿海居住项目。在国际上，美国应带头做好适应工作，支持气候变化和自然灾害风险减少的倡议。美国非洲司令部应将气候变化和其他环境问题纳入冲突预防的战略框架。第四，美国国会应支持对气候脆弱性的研究。第五，在减排方面，美国减排战略的重要组成部分之一是确保中国和印度加入以规则为基础的全球气候制度。第六，进行制度改革。当前，美国的气候政策主要由两个人负责，即白宫环境质量委员会的负责人及国务院海洋和国际环境和科学事务局的首席气候变化谈判代表，政府其他部门参与很少，将气候问题纳入高层决策的努力明显不够。应考虑恢复20世纪90年代设立，但后来被取消的几个重要岗位：隶属于环境质量委员会主席，主要负责跨部门合作的气候变化特别助理，国家安全委员会中负责环境事务的高级主任，国防部中负责环境安全的助理国防部长帮办等。气候政策对国家安全的重要性要求美国政府将其置于更优先的位置。总统应加强对气候变化问题的领导。[1]

---

[1] Joshua W. Busby, Climate Change and National Security: An Agenda for Action, CSR No.32, November 2007.

如果说，以上报告主要是政策导向的研究，对象主要是美国的决策者，那么布斯比的论文则是美国学术界试图将气候变化对国家安全的影响进行理论化研究的最新尝试。作者在回顾了美国学术界对气候变化与国家安全的学术争论后，试图从理论上证明，即使从传统的国家安全概念出发，气候变化依然是美国国家安全的威胁。为此，他从气候变化对美国本土的直接影响和对境外美国安全利益的影响两个方面开展论证。为使论证更加客观可信，他提出了判定气候变化对国家构成威胁的七大指标：第一，气候变化威胁国家的生存；第二，气候变化危及政府的地位；第三，气候变化威胁国家对使用武力的垄断权；第四，气候变化破坏关键性基础设施；第五，气候变化导致生命或公共福利在短时间内遭致灾难性损失；第六，气候变化对邻国造成上一条所说的影响，结果导致难民危机；第七，气候变化改变国家的领土边界和水域。然后从气候突变、海平面上升、极端气候天气、北极冰层融化四个角度具体分析气候变化对美国的影响。在讨论气候变化对美国境外安全利益的影响时，他列出了对美国具有重要战略意义的国家和地区的标准，然后用战略重要性和风险两个变量形成一个矩阵。由此得出对美国海外利益的四种程度不同的威胁分类：战略威胁、道义挑战、需要监视的威胁和微弱的威胁，并从美国海外财产、暴力冲突、失败国家和人道主义灾难四个角度分析了气候变化如何影响美国海外的安全利益。[1]

综上所述，美国气候变化与国家安全的研究成果主要体现在围绕气候变化影响美国国家安全的方式、范围、程度以及美国的应对之策展开了全面而深入的讨论。必须指出的是，在美国有关气候变化对国家安全的影响的认识还远未形成共识，争论和质疑不时出现。比如，2008 年美国学者萨雷岩（Idean Salehyan）发表了题为《从气候变化到冲突？共识尚未达成》的论文，认为气候变化导致资源争夺和大规模移民，最后引发冲突的逻辑推理过于简单化，实际上，气候变化对冲突的影响程度取决于许多政治和

[1] Joshua W. Busby , Who Cares about the Weather?: Climate Change and U.S. National Security, Security Studies, Volume 17 Issue 3 2008.

社会因素的变化。如果忽视这些政治和社会因素，就会导致错判和误判。[1]

美国气候变化与国家安全的研究目前在世界上处于领先地位，主要体现出以下特点：

第一，在研究理论和方法方面，与时俱进，转型较快。这主要表现在两个方面：一是美国的相关研究已经跳出传统的安全研究框架，在研究中普遍运用了扩大的安全概念。传统的安全主要是指防止国家的领土受到他国的武力攻击。冷战的结束对传统安全研究造成极大冲击，引发冷战后安全研究的重大变化。非传统安全研究迅速兴起，在安全研究中的地位日益重要，安全的概念被大大扩展。无论在研究层次还是研究对象上，冷战后的安全研究都更加丰富和多元化。美国气候变化与国家安全的研究将传统安全和非传统安全相结合，顺应了当今时代世界安全研究的潮流。二是对自然科学研究成果的高度重视，体现了文理交叉研究的特色。冷战后非传统安全的威胁，如环境问题、大规模传染性疾病等都具有较强的科学技术性，科学家在应对这些威胁中的作用巨大。美国关于气候变化对国家安全的影响的研究都是以自然科学家的研究结果为基础，大多采用权威的政府间气候变化专门委员会的科学结论为依据，体现了研究的严肃性和科学性。这无疑是与时俱进的表现。

第二，在研究内容方面，既视野开阔，又有较强的针对性。美国气候变化与国家安全研究将国内与国外、传统安全与非传统安全、直接影响和间接影响结合起来，体现出强烈的全球意识（当然这与美国的霸权意识有密切的关联）。与此同时，美国的气候变化与国家安全研究始终以国家稳定为核心向外发散，中心突出，全而不散，针对性很强，体现出国家安全领域研究气候变化的鲜明特色。比如，有关气候变化对美国国内外军事设施影响的研究与美国的国家安全和稳定之间具有直接的关联性。

第三，在研究水平上呈现逐步提高的趋势。如果说，2003 年的报告《气

[1] Idean Salehyan, From Climate Change to Conflict? No Consensus Yet.Journal of Peace Research, 2008, 45(3): 315–326.

候突变的情景及其对美国国家安全的意义》还只是简单地预测未来气候变化可能导致国际和国内冲突，那么，从那以后一直到布斯比的论文，美国研究者们一直将重点放在探索气候变化可能影响国家安全的具体途径上。他们致力于将气候变化和国家安全的关联性学术化、理论化和科学化的趋势清晰可见。

第四，在研究体制上，形成官、学、研三位一体的联合研究体制。美国关于气候变化对国家安全的影响的早期研究是由政府出钱资助展开的。此后，美国各种智库、大学以及政府部门纷纷介入。它们的研究成果都是开放的。每一项新的研究都是在已有研究的基础上展开，避免了简单的重复。来自政府、学界和智库等不同背景的研究人员相互切磋和借鉴，使美国关于气候变化对国家安全的影响的认识日益全面和深入。

不仅是美国，许多西方国家都十分重视气候变化对本国气候变化的影响。

德国是高度重视气候变化的国家，其对气候变化与安全的认识集中反映在 2007 年德国全球变化咨询委员会发布的题为《气候变化：一个安全风险》的报告之中。该报告提出了气候变化导致冲突的四个机制，即气候导致的淡水资源的恶化引发冲突，气候导致的粮食减产引发冲突，气候导致的风暴和洪水灾害引发冲突，环境导致的移民引发冲突。并由此列出了六大对国际安全的威胁：第一，气候变化可能导致世界上脆弱国家的数目增加，脆弱国家往往难以有效管理国家，特别是无法有效垄断武力的使用；第二，气候变化加大全球经济发展的风险；第三，气候变化加大国际上气候变化的主要责任者和受害者之间的分配性冲突；第四，气候变化加大了发达国家侵犯人权和作为全球治理角色的合法性下降的风险；第五，引发和加剧移民；第六，使传统的安全政策力不从心。最后，报告提出了应对气候威胁的一系列建议。[1]

英国是世界上推销低碳经济和气候安全概念最积极的国家之一。英国

[1] German Advisory Council on Global Change, Climate Change as a Security Risk,http://www.wbgu.de/wbgu_jg2007_engl.pdf.

牛津研究小组于 2006 年和 2008 年先后推出了两份有影响的关于气候变化与安全的报告。

第一份报告题为《全球应对全球威胁：21 世纪的可持续安全》，重点分析了气候变化的安全影响及其应对。报告的基本结论是：

第一，气候变化的影响，可能会导致居民不得不从海岸与河流三角洲地区迁出，还可能导致严重的自然灾害和食物短缺的进一步加剧。这会带来苦难、社会的不安定因素增加、生活方式的改变，而且世界范围内的移民活动所带来的压力也将加大。

第二，气候变化给所有国家的安全带来的长期影响，其严重性、持久性和破坏性都远远超过了国际恐怖主义。

第三，我们不应该将增加核能的利用作为应对气候变化的策略，这只会为核技术与核原料在这个本就不安定的世界上的传播创造进一步的条件，这些技术和原料也可能被用于制造核武器，还可能被“流氓国家”或者恐怖组织所利用。

第四，对于气候变化的一个更安全可靠的应对方法是发展因地制宜的可再生能源，并且减少放射性能源的使用。报告特别强调，环境灾害对安全的严重影响是不容置疑的，即使是美国这样富裕强大的国家也在所难免。如果不相信的话，只要看一看 2005 年 9 月间“卡特里娜”飓风横扫美国南部后的情形就行了——大量人员伤亡，新奥尔良和其他海湾沿岸地区的城市陷入了社会瘫痪，同时出现了世界性的油价上涨。这种情况之所以格外令人担忧，是因为在过去的 35 年中，类似“卡特里娜”这样 4—5 级飓风的数量增加了几乎一倍，而这很可能是海洋表层温度上升的结果。[1]

第二份报告题为《一个不确定的未来：法律执行、国家安全和气候变化》，重点分析了气候变化对安全的影响，指出气候变化导致三大安全威胁：国内动荡、族群间暴力和国际冲突（见表 1–3），应对气候变化必须用预

[1] Chris Abbott, Paul Rogers and John Sloboda, Global Responses to Global Threats: Sustainable Security for the 21st Century June 2006,http://oxfordresearchgroup.org.uk/sites/default/files/globalthreats.pdf.

防战略取代反应战略。[1]

表1-3 气候变化与安全之间的潜在关系

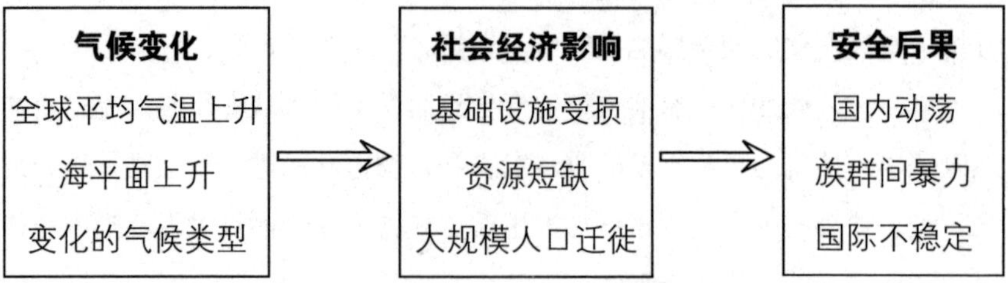

气候变化		社会经济影响		安全后果
全球平均气温上升	⇒	基础设施受损	⇒	国内动荡
海平面上升		资源短缺		族群间暴力
变化的气候类型		大规模人口迁徙		国际不稳定

在澳大利亚，两位著名学者 Alan Dupont 和 Graeme Pearman 于 2006 年合作完成一份题为《地球升温：气候变化与国家安全》的研究。该报告认为气候变化的安全影响被严重忽视和低估。气候变化从以下几个方面威胁澳大利亚的安全环境。第一，极端气候事件、降雨量和温度的大幅波动可能改变这个地区的生产格局，在较短时间内加剧粮食、水和能源短缺状况。海平面上升尤其值得关注，因为亚洲沿海地区的人口密度高，可能导致大规模的人口迁移。第二，气候变化将加剧亚太地区不稳定和不规范的人口流动。第三，极端气候天气将增加自然灾害中的人群死亡人数和破坏程度，增加贫困国家的负担，甚至使发达国家的资源和应对能力也被耗尽。第四，极端气候事件和气候有关的灾害不仅激发短期的疾病暴发，而且将产生长期的卫生安全影响。因为地球升温，传染性疾病传播范围更广。第五，即使气候变化本身不是灾难性的，气温上升、海平面上升和频繁的干旱对农业、淡水和能源的累积性影响将损害澳大利亚周边国家的承载力，从而威胁其安全。对太平洋上的小岛屿国家，气候变化是最终的安全威胁，因为海平面上升意味着这些国家的人民将不适于居住。[2]

Anthony Bergin 和 Jacob Townsend 则从军队装备、结构、能源效率、

[1] Chris Abbott, An Uncertain Future: Law Enforcement, National Security and Climate Change, Briefing Paper January 2008, http://www.reliefweb.int/rw/lib.nsf/db900sid/KKAA-7B72HT/$file/Full_Report.pdf?openelement.

[2] Alan Dupont, Graeme Pearman, heating up the planet Climate Change and Security.2006,http://lowyinstitute.richmedia-server.com/docs/AD_GP_ClimateChange.pdf.

人员和训练等方面具体分析了气候变化对澳大利亚军队的影响。[1]Athol Yates 和 Anthony Bergin 从国土安全角度出发，认为气候变化应被视为澳大利亚国土安全的重大风险，为此提出了 11 条提高澳大利亚适应气候变化能力的举措。[2]

印度过去有关环境与安全的研究成果相当丰富。[3] 近年来，一些学者开始关注气候变化与安全的关系。其中印度新德里政策研究中心的国际战略学者、前印度国家安全委员会顾问布拉哈姆·切拉利（Brahma Chellaney）的论文《气候变化与南亚安全：对国家安全含义的理解》较具代表性。文章认为，南亚地区深受气候变化影响。气候变化对南亚地区的安全有重要影响，具体表现在：第一，气候变化引发的水资源问题可能加剧国内和国家之间的紧张局势，如中印、印巴之间的水冲突可能加剧；第二，海平面上升可能引发国内和国家之间的移民；第三，受气候变化危害最大的无疑是人类安全。[4] 另一位印度人 Nitin Pai 则在《气候变化与国家安全：印度应为新的冲突可能性做好准备》一文中，认为不能排除印度与周边国家因气候变化而产生的冲突，应加强印度的国防建设，做好应对最坏情况的准备。[5]

挪威自 20 世纪 80 年代以来一直是非传统安全研究的积极倡导者。布伦特兰夫人在担任挪威首相期间曾于 1984 年担纲联合国世界环境与发展

---

[1] Anthony Bergin and Jacob Townsend, A change in climate for the Australian Defence Force，ASPI Special ReportJuly 2007,http://www.aspi.org.au/publications/publication_details.aspx?ContentID=133.

[2] Athol Yates and Anthony Bergin,Hardening Australia:Climate change and national disaster re silience,ASPISpecialReport,August2009,http://www.aspi.org.au/publications/publication_details.aspx?ContentID=221&pubtype=-1.

[3] 可参见下述文献：Gurneeta Vasudeva, Environmental Security: A South Asian Perspective, Tata Energy and Resources Institute, http://unpan1.un.org/intradoc/groups/public/documents/APCITY/UNPAN015801.pdf; B.C. Upreti, Environmental Security in South Asia:Dimensions, Issues and Problems, Paper presented at a regional workshop on 'Security in South Asia, Institute of Foreign Affairs, Kathmandu, Nepal, 5-6 September, 2004. http://www.ifa.org.np/pdf/prc/bcupreti.pdf. ; Abul Kalam, "Environment and Development: Widening Security Frontier and the Quest for a New Security Framework in South Asia," BIISS Journal, vol. 19, No. 2, 1989:122-123.

[4] Brahma Chellaney,Climate Change and Securityin SouthernAsia:Understanding the National Security Imp lications,RUSIJournal,April2007,Vol.152,No.2.Strategy(December2007).

[5] Climate Change and National Security: Preparing India for New Conflict Scenarios，The Indian National Interest Policy Brief, No. 1 April 2008, http://nationalinterest.in/wp-content/uploads/2008/04/inipolicybrief-no1-climatechangeandnationalsecurity-nitinpai-april2008.pdf.

委员会主席，并于 1987 年领衔完成著名的报告《我们共同的未来》。奥斯陆国际和平研究所在非传统安全研究领域也多有建树。在气候变化与安全领域，挪威学者 Halvard Buhaug 和 Nils Petter Gleditsch 等人完成的报告《气候变化对武装冲突的影响》引起较大反响。[1] 该报告的主要特色在于提出了气候变化与武装冲突的关系链，详见图 1–1。

图1–1 气候变化与武装冲突的关系链

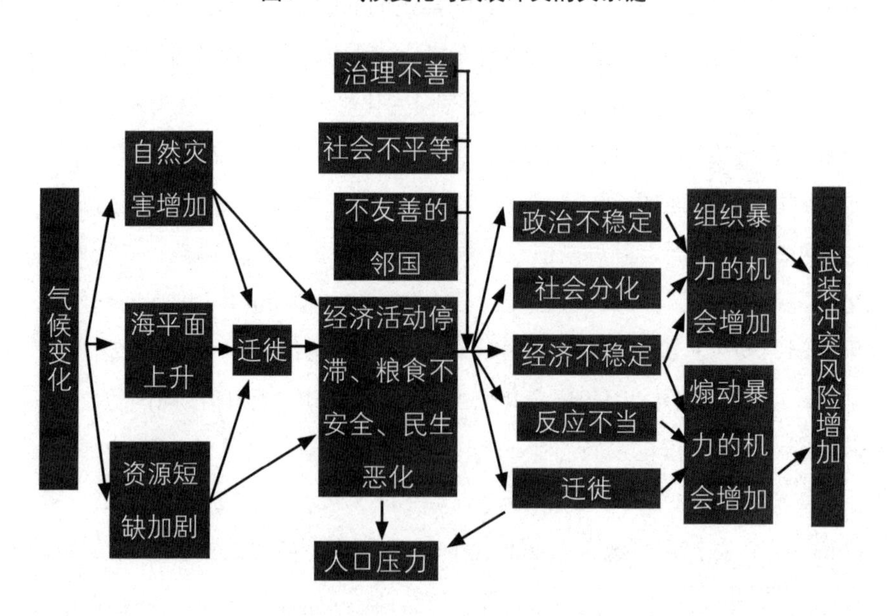

第三节 气候变化与中国国家安全的分析框架

一、对中国国家安全问题的定义

气候变化是中国的国家安全问题吗？或者说，气候变化对中国的国家安全构成了威胁吗？要回答这个问题，关键取决于两点：第一，如何界定

[1] Halvard Buhaug, Nils Petter Gleditsch and Ole Magnus Theisen, Implications of Climate Change for Armed Conflict,2008, http://siteresources.worldbank.org/INTRANETSOCIALDEVELOPMENT/Resources/SDCCWorkingPaper_Conflict.pdf.

中国国家安全问题或威胁的标准？第二，气候变化造成的影响是否符合上述标准？

那么，如何界定中国国家安全威胁的标准？毫无疑问这是一个仁者见仁、智者见智的问题，具有高度的动态性、政治性和复杂性。

本书认为，中国的安全问题并不一定就是军事问题、政治问题或经济问题，任何问题只要满足下列条件之一，都应被视为中国的安全问题或安全威胁：

第一，导致中国的领土面积减少或领土质量大幅度下降；

第二，导致中国较大范围内的居民的生命、财产和健康受到严重影响，生活质量短期内急剧下降；

第三，导致中国政局动荡和社会的不稳定；

第四，导致中国政府的内外自主权受限，选择空间受到严重挤压和约束；

第五，危及中国的重大国防和战略性工程及军队建设。

二、定义气候变化为中国国家安全问题的依据

上述标准的设定主要源自对冷战后世界安全研究进展的评估和缩小国内分歧的现实考虑。

冷战结束以来，世界安全研究发生了巨大变化，新的安全议程层出不穷。[1] 其中非传统安全研究受到日益广泛的重视。

一般认为，冷战的结束是非传统安全研究的分水岭。非传统安全研究萌芽于冷战时期，真正兴起和发展则是在冷战结束之后。正如当今风靡世界的可持续发展思想最早源于对人类环境的关注一样，将环境与安全相连也是非传统安全研究的先声，是人们将非军事领域的问题安全化的最早尝试之一，[2] 而联合国在其中发挥了关键作用。

[1] 这方面的成果集中体现在2007年由巴瑞·布赞等主编的《国际安全》四卷本之中。参见 Barry BuzanandLeneHansen,International Security,SAGE Publications,2007.

[2] RolandDannreuther,InternationalSecurity:TheContemporaryAgenda.UK:PolityPress,2007,p.59.

现代意义上的安全概念主要是在冷战的背景下形成的。从最基本的意义上说，安全是指确保一个国家的人口和领土免受有组织的力量的攻击。这种以国家为中心的分析特别强调来自军事领域的威胁。这就是传统安全的基本内涵。但是，1972 年的联合国人类环境会议及 1973 年爆发的石油危机，突显了经济、资源短缺和环境恶化对国家安全的影响，传统的安全思路开始受到质疑。

联合国人类环境会议首次将环境问题列入世界政治议程，引起了国际社会的广泛关注。联合国环境规划署于 1973 年成立后不久，即与斯德哥尔摩国际和平研究所联合启动了"军事活动与人类环境"大型研究项目。勃兰特委员会 1979 年的报告《争取世界的生存》则专设"安全的新概念"议题，讨论了环境与安全的关系："我们的生存不仅有赖于军事均势，而且有赖于进行全球合作以保证可以维持生存的生物环境和基于平等发现资源的持久繁荣。"由此，报告进一步强调："一定要对'安全'提出一种新的、更全面的理解，而不仅仅局限于军事方面。从全球范围来看，真正的安全是不能靠日益增多的武器积聚——狭义的防务——来实现的，而只能靠为建立各国间的和平关系提供基本条件来实现，不仅要能解决军事问题，也要解决威胁着它们的非军事问题。"[1] 不过，当时这种观点并未引起人们的足够重视。1987 年，第 42 届联合国大会一致通过了布伦特兰委员会提交的著名报告——《我们共同的未来》。该报告强调，安全的定义必须扩展，超出对国家主权的政治和军事威胁，把环境恶化和发展条件遭到破坏包括进来，并首次使用了"环境安全"这一概念。[2]

在国际关系学界，理查德·厄尔曼教授是最早提出重新定义国家安全的学者之一。1983 年，他在《国际安全》杂志上发表了《重新定义安全概念》的文章，批评美国冷战时期对国家安全的定义"极为狭隘"、"极端军事化"，结果导致两个不幸的后果：美国外交政策的过分军事化和对其他危害国家

[1] 勃兰特委员会报告：《争取世界的生存：发展中国家和发达国家经济关系研究》，中国对外翻译出版社 1980 年版，第 136 页。

[2] 世界环境与发展委员会：《我们共同的未来》，王之佳等译，吉林人民出版社 1989 年版，第 23 页。

安全的威胁的忽视。他认为，发展中国家的人口增长以及随之而来的对资源的争夺和跨国移民可能引发严重冲突。日益减少的资源，如矿物燃料可能是将来冲突的来源。他把对国家安全的威胁定义为：1. 在一个较短的时间范围内，使国民的生活质量面临严重下降威胁的行为或系列事件；2. 使政府或非政府行为体（个人、团体、公司等）的政策选择范围受到严重限制的行为和事件。[1] 该文在国际安全领域产生了较大影响。总体而言，尽管非传统安全的研究在冷战时期已经萌芽，但在国际安全研究领域处于非常边缘的地位。

冷战结束后，非传统安全研究勃然兴起，对国际安全研究的发展产生了深远影响。联合国同样在其中发挥了积极的推动作用。1993 年，联合国开发计划署署长特别顾问哈克博士对“全球人类安全新概念”概括了四句话：“不仅是国土的安全，而且是人民的安全；不仅是通过武力来实现的安全，而且是通过发展来实现的安全；不仅是国家的安全，而且是个人在家中和工作岗位上的安全；不仅是防御国家之间的冲突，而且是防御人与人之间的冲突。”[2]1994 年，联合国开发计划署发表的《人类发展报告》明确定义了“人类安全”的概念，提出了人类面临的七大安全问题：经济安全、粮食安全、健康安全、环境安全、人身安全、共同体安全和政治安全。2004 年，“联合国威胁、挑战和改革问题高级别小组”向联合国秘书长提交题为《一个更安全的世界：我们的共同责任》的报告，明确将环境破坏列为国际安全的重大威胁：“任何事件或进程，倘若造成大规模死亡或缩短生命机会，损坏国家这个国际体系中基本单位的存在，那就是对国际安全的威胁。根据这一定义，将各种威胁归纳成六组，在目前和未来几十年中，世界对这些威胁都必须予以关注：经济和社会威胁，包括贫穷、传染病及环境退化；国家间冲突；国内冲突，包括内战、种族灭绝和其他大规模暴行；核武器、放射性武器、化学和生物武器；恐怖主义；跨国有组织犯罪。”[3]2005

[1] Richard H. Ullman, Redefining National Security, International Security, Vol.8, No.1, Summer 1983, pp.129–153.

[2] 马赫布卜·乌尔·哈克：《发展合作的新架构》，《联合国纪事》（中文版）1993 年第 54 期，第 42 页。

[3] 联合国威胁、挑战和改革问题高级别小组报告：《一个更安全的世界：我们的共同责任》（提要）。

年，安南在其著名的《大自由：实现人人共享的发展、安全和人权》报告中强调："在21世纪，对和平与安全的威胁不仅包括国际战争和冲突，也包括国内暴力、有组织犯罪、恐怖主义以及大规模毁灭性武器。这些威胁还包括贫穷、致命传染病和环境退化，因为此类威胁可以造成同样的灾难性后果。所有这些威胁都可能大规模地导致死亡或缩短寿命，也可能破坏国家作为国际体系基本单位的地位。"[1]冷战的结束和联合国的推动，有力地促进了世界非传统安全的研究。传统安全与非传统安全、国家安全与人类安全的并存，使冷战后的国际安全研究无论在研究领域、研究对象还是在研究层次上都更加丰富和多元化。[2]

当前全球气候变化形势迫切要求我国采取有效的气候安全政策。但现实情况是我们的行动力度还远远满足不了遏制气候恶化的需要。国内共识的缺乏是导致这一局面的重要原因之一。而学术界在气候与安全领域的分歧较大，各说各话，不同观点的学者又很少沟通，无法形成一个占主导地位的系统理论，又在一定程度上妨碍决策部门之间共识的建立。那么，能不能建立一种分析框架，将正统派、扩展派和全球派的观点联系起来，既保持传统安全研究的知识连贯性，又在它们之间建立起一座桥梁，兼顾不同观点的主要关切，从而推动共识的建立？正是基于这种思路，本书提出了上述定义国家安全威胁的标准，尝试将传统和非传统安全的因素综合加以考虑。比如，第二条标准就是考虑一定数量的个体的安全。越来越多的事实表明，气候变化事关中国的根本国家利益。学术需要争鸣，但决策需要共识。当前应对气候变化时间紧迫，时不我待，急需凝聚共识，提高全国上下对气候变化问题重要性的认识，团结一致有效应对气候变化。

以下各章将依据上述标准具体探讨气候变化对中国国家安全的影响。

---

[1] 联大秘书长报告：《大自由：实现人人共享的发展、安全和人权》（中文版），A59/2005，第23页.
[2] 秦亚青：《权力、制度、文化：国际关系理论与方法研究文集》，北京大学出版社2005年版，第356页。

第二章　气候变化与中国领土安全

气候变化对中国领土的负面影响正在逐渐显露出来，主要体现在两个方面：第一，气候变化导致海平面上升，使中国的部分陆地面临被淹没的现实和潜在威胁；第二，气候变化加剧中国国土质量恶化的趋势。

第一节　海平面上升导致中国陆地面积的减少

海平面上升是全球气候变化最直接的后果之一。中国拥有大陆海岸线 18000 多公里，沿海地区面积约占全国的 16.8%，人口却占全国的近 42%，GDP 占全国的近 72.5%，[1] 是中国人口密集、经济发达的地区，但却易受海平面上升带来的不利影响。海平面上升是一种长期的、缓发性灾害，其征兆非常不明显，但长期积累起来，其造成的危害则极其严重。[2] 海平面上升直接导致潮位升高，风暴潮致灾程度增强、海水入侵距离和面积加大；海平面上升使潮差和波高增大，加重了海岸侵蚀的强度；海平面上升和淡水资源短缺的共同作用，加剧了河口区的咸潮入侵程度。这里主要讨论的是海平面上升对中国陆地和海岛面积的影响。

一、全球海平面的变化及其趋势

IPCC 第四次评估报告指出，20 世纪海平面上升的总估算值为 0.17 米。在 1961 年至 2003 年期间，全球平均海平面已以每年 1.8 毫米的平均速率上升，从 1993 年至 2003 年，全球平均海平面已以每年大约 3.1 毫米的速率上升。根据最新资料显示，格陵兰和南极冰盖的损耗，很可能造成了 1993 年至 2003 年的海平面上升。由此可见，全球气候变暖是引起海平面上升的主要原因。自 1993 年以来，海洋热膨胀对海平面上升的预估贡献率占所预计的各贡献率之和的 57%，而冰川和冰帽的贡献率则大约为 28%，其余的贡献率则归因于极地冰盖。在 1993 年至 2003 年期间，上述气候贡献率之和与直接观测到的海平面上升总量一致。[3]

---

[1] 国家统计局：《中国统计年鉴》，中国统计出版社 2000 年版，第 4-61 页。

[2] 任美锷：《黄河、长江和珠江三角洲海平面上升趋势及 2050 年海平面上升的预测》，载中国科学院地学部：《海平面上升对中国三角洲地区的影响及对策》，科学出版社 1994 年版，第 26 页。

[3] 气候变化 2007 综合报告，http://www.ipcc.ch/pdf/assessment-report/ar4/syr/ar4_syr_cn.pdf.

二、中国海平面的变化及其趋势

根据《2008 年中国海平面公报》，近 30 年，中国沿海海平面总体呈波动上升趋势，平均上升速率为 2.6 毫米 / 年，高于全球海平面平均上升速率。2008 年，中国沿海海平面为近 10 年最高，比常年[1]高 60 毫米；与 2007 年相比，总体升高 14 毫米；其中南海升幅明显，升高 37 毫米，其他海区总体持平（图 2–1）。受持续低温等异常气候事件影响，2 月大部分海区海平面偏低；受中国沿海气温和海温较常年同期偏高等因素的影响，4—6 月各海区海平面明显高于常年同期，总体升高 95 毫米。在气候变暖引起全球海平面上升的背景下，局部地面沉降和气候异常事件是造成 2008 年我国沿海海平面变化的主要原因。预计未来 30 年，中国沿海海平面将继续上升，比 2008 年升高 80~130 毫米（表 2– 1）。

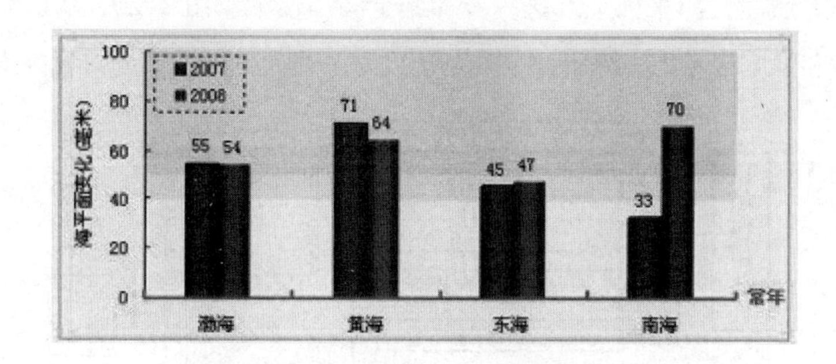

图2–1　2008年中国海平面的变化

表2–1　中国各海区未来30年海平面变化（单位：毫米）

海区	未来30年预测
渤 海	68~120
黄 海	89~130
东 海	87~140
南 海	73~130
全海域	80~130

[1] 本公报依据全球海平面监测系统（GLOSS）的约定，将 1975 ~ 1993 年的平均海平面定为常年平均海平面（简称常年）；该期间的月平均海平面定为常年月均海平面。

长江三角洲、珠江三角洲、黄河三角洲和天津沿岸仍然将是我国海平面上升影响的主要脆弱区。[1]

三、中国沿海地区的海岸侵蚀导致中国陆地面积减少

作为海岸带的一种灾害，海岸侵蚀常与沿海台风、风暴潮和地面下沉等灾害叠加发生，使灾情加剧。其危害主要有：第一，损失土地；第二，损失沿海沙滩和潮滩湿地，造成旅游资源和水产资源数量减少，质量下降；第三，侵蚀泥沙被搬运至海湾内堆积，造成港口和航道淤塞；第四，毁坏海堤等海岸防护工程以及其他沿岸设施。[2] 导致海岸侵蚀的原因是多方面的。海岸和海上采砂、修建不合理海岸工程、河流水利、水电工程拦截泥沙、沿岸开采地下水和采伐红树林等人为活动，都是造成海岸侵蚀灾害的重要原因。然而，海平面上升进一步加剧了海岸侵蚀（图 2–2）。从影响的持续性和强度来考虑，海平面上升是造成海岸线大范围内移的首要因素。[3]

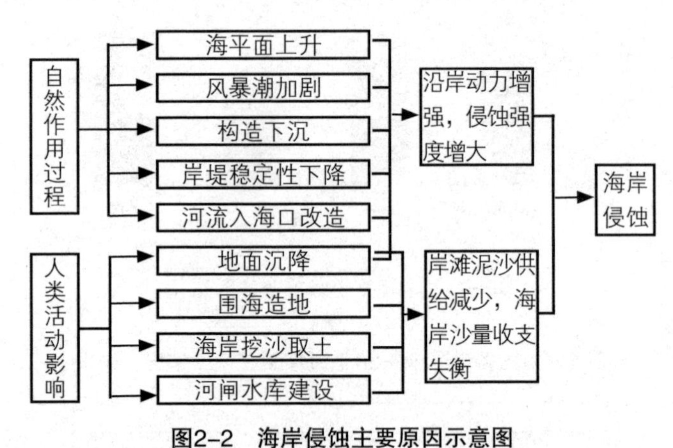

图2–2　海岸侵蚀主要原因示意图

[1] 2008 年中国海平面公报，http://www.coi.gov.cn/hygb/hpm/2008；海平面上升对中国沿海主要脆弱区潜在影响的研究，http://sdinfo.coi.gov.cn/analysis/appraise/lw3.htm.

[2] 季子修：《中国海岸侵蚀特点及侵蚀加剧原因分析》,《自然灾害学报》第 5 卷第 2 期, 1996 年 5 月, 第 65 页。

[3] 夏东兴、王文海、武桂秋等：《中国海岸侵蚀述要》,《地理学报》1993 年第 5 期，第 468—476 页。

海岸侵蚀有多种表现形式，其中岸线后退是一种最明显的海岸侵蚀形式。自20世纪50年代末期以来，我国海岸线的迁移方向出现了逆向变化，多数沙岸、泥岸或珊瑚礁海岸由淤积或稳定转为侵蚀，导致岸线后退。[1]目前我国后退严重的海岸主要是在河口或三角洲的砂质海岸或淤泥质海岸，如滦河口、黄河口和废黄河口等。江苏新滩、灌东等盐场海堤外的潮上带宽度已由解放初期的一千米左右减少到现在的几十米至百余米。[2]

最新的调查数据显示，我国海岸侵蚀长度为3708公里，其中砂质海岸侵蚀总长度为2469公里，占全部砂质海岸的53%；淤泥质海岸侵蚀总长度为1239公里，占全部淤泥质海岸的14%。

砂质海岸侵蚀严重的地区主要有辽宁省、河北省、山东省、广东省、广西壮族自治区和海南省沿岸；淤泥质海岸侵蚀严重地区主要在河北省、天津市、山东省、江苏省和上海市沿岸（表2–2）。[3]

表2–2 沿海各省（自治区、直辖市）海岸侵蚀情况

省（自治区、直辖市）	海岸侵蚀长度（公里）
辽宁省	142
河北省	280
天津市	34
山东省	1211
江苏省	225
上海市	75
浙江省	54
福建省	90
广东省	602
广西壮族自治区	168
海南省	827
合计	3708

那么岸线后退导致多少陆地面积被海水淹没？目前尚无完整的统

[1] 刘杜娟：《相对海平面上升对中国沿海地区的可能影响》，《海洋预报》第21卷第2期，第24页。
[2] 季子修，《中国海岸侵蚀特点及侵蚀加剧原因分析》，《自然灾害学报》第5卷2期，1996年5月，第67页。
[3] 数据来源：2008年中国海平面公报。

计。[1] 但从一些局部的调查数据可见一斑:如 1855 年以来苏北废黄河三角洲有 1400 平方公里失陷于海中,近 40 年渤海沿岸约 400 平方公里的耕地、盐场和村庄被海水吞没;[2] 江苏奉贤县管辖的原为淤积的岸滩，已由淤涨转为侵蚀。至 2000 年全县一线海堤外几乎无 3 米以上的高滩，0 米以上滩涂面积减少约 33.3 平方公里;[3] 广东水东沿岸临海的上大海渔村，近百年来因台风浪侵蚀海岸而向内陆迁村 3 次，总距离 150~200 米;[4] 海南乐东县龙栖湾村附近海岸在 11 年内后退了 200 余米，村庄随海岸变化而 3 次搬迁，村民的生存空间越来越小。[5]

四、海平面持续上升将逐渐淹没中国沿海经济发达地区

如果说，目前的海平面上升对中国领土面积的影响还是有限的，那么未来中国海平面的长期上升趋势将成为中国的心腹大患，因为其后果是包括长江三角洲、珠江三角洲、黄河三角洲和天津滨海新区在内的中国沿海的经济发达地区将在海平面上升的过程中逐渐被淹没，这无疑对中国的社会稳定和经济发展构成严重威胁。

有关研究显示，海平面上升 30 厘米和 65 厘米，在无设防、历史最高潮位的情况下中国沿海脆弱区淹没的面积分别占全国的 0.81%和 0.92%。在现有设防和历史最高潮位的情况下，淹没的面积分别占全国的 0.23%和 0.56%。在未来海平面上升 30 厘米的情景之下,并在有防潮设施的情况下,若遇历史最高潮位，珠江三角洲、长江三角洲和黄河三角洲及渤海湾和莱州湾沿岸被淹没的陆地面积将分别达到 1153 平方公里、898 平方公里和 21010 平方公里。如果海平面持续上升，中国减少的陆地国土还将大大增

[1] 罗中云:“海平面上升侵蚀沿海城市”，http://tech.sina.com.cn/d/2007-12-14/11161913474.shtml。
[2] 季子修:《中国海岸侵蚀特点及侵蚀加剧原因分析》,《自然灾害学报》第 5 卷第 2 期, 1996 年 5 月, 第 65 页。
[3] 谢世禄:杭州湾北岸(上海段)岸滩保护和开发研究，上海水务，2000(1):15—17。
[4] 季荣耀、罗章仁等:《广东省海岸侵蚀特征及主因分析》,第十四届中国海洋(岸)工程学术讨论会论文集,第 733 页。
[5] 2007 年中国海平面公报，http://www.soa.gov.cn/hyjww/hygb/zghpmgb/2008/01/1200912279807713.htm。

加。详见表 2–3。[1]

表2–3 未来海平面上升中国沿海三大主要脆弱区面积

未来海平面上升珠江三角洲可能淹没面积(km²)

		上升30cm		上升65cm		上升100cm	
		淹没面积(km²)	占总面积(%)	淹没面积(km²)	占总面积(%)	淹没面积(km²)	占总面积(%)
无防潮设施	平均大潮高潮位	2190	7	3744	12	4282	14
	历史最高潮位	5546	18	5967	19	6543	21
有防潮设施	历史最高潮位	1153	4	3453	11	6520	20
	百年一遇高潮位	1719	6	2875	9	7823	25

未来海平面上升长江三角洲及江苏和浙北沿岸可能淹没面积(km²)

		上升30cm		上升65cm		上升100cm	
		淹没面积(km²)	占总面积(%)	淹没面积(km²)	占总面积(%)	淹没面积(km²)	占总面积(%)
无防潮设施	平均大潮高潮位	36610	18	39872	19	4794	23
	历史最高潮位	54547	26	58663	28	61288	29
有防潮设施	历史最高潮位	898	0	27241	13	52091	25
	百年一遇高潮位	4015	2	31001	15	57532	28

[1] 杜碧兰主编：《海平面上升对中国沿海主要脆弱区的影响及对策》，海洋出版社 1997 年版，第 13 页。

未来海平面上升黄河三角洲及渤海湾和莱州湾沿岸可能淹没面积(km^2)

		上升30cm		上升65cm		上升100cm	
		淹没面积(km^2)	占总面积(%)	淹没面积(km^2)	占总面积(%)	淹没面积(km^2)	占总面积(%)
无防潮设施	平均大潮高潮位	6564	5	13089	11	14753	12
	历史最高潮位	21255	17	23106	19	25428	21
有防潮设施	历史最高潮位	21010	17	23100	19	25428	21
	百年一遇高潮位	22435	18	23322	19	26325	22

五、海平面持续上升威胁中国的海域疆界

中国拥有 6700 多个岛屿。不少海岛不仅具有重要的经济价值和军事价值，而且事关我国的海域疆界。海平面继续上升可能淹没我国领海基点的海岛。这些海岛的消失不仅意味着中国的国土流失，更重要的是根据国际海洋法中规定的岛屿制度，将失去一大片的国家管辖海域。[1]

据不完全统计，在珠江三角洲地区，面积大于 (含等于)500 平方米的岛屿共计 450 个。因全球气候变暖，海平面上升，未来珠江三角洲近海淹没的海岛至少 46 个，多者达 61 个，约占珠江三角洲沿岸地区海岛总数的 14%，占广东省的 8%，占全国的 0.9%。

如果根据有关科学家的预测，全球的气候越来越变暖，海平面越来越高，那么被淹没的海岛不仅不会重现，而且还会有更多的海岛相继被淹没。

以珠江三角洲地区为例，可以说明全国沿海岛屿都存在同样情形，将来可能都有部分海岛特别是小岛屿面临被淹没的危险。如此类推，全国约有 938 个海岛被淹 (约占全国海岛总数 14%)。[2]

[1] 具体分析可参见沈文周 :《海平面上升对海域疆界的影响》，载杜碧兰主编《海平面上升对中国沿海主要脆弱区的影响及对策》，海洋出版社 1997 年版。

[2] 沈文周 :《海平面上升对珠江三角洲近海岛屿的影响》，载杜碧兰主编《海平面上升对中国沿海主要脆弱区的影响及对策》，海洋出版社 1997 年版，第 159 页。

全球气候变暖不仅引发海平面上升，而且也会导致风暴潮、浪潮等海洋灾害强度和频度的逐步提高。近 20 年，中国沿海地区遭受的海洋灾害损失巨大，直接经济损失累计达 2326 亿元，几乎有一半年份受到的经济损失超过 100 亿元。[1]

海平面上升使得平均海面及各种特征潮位相应增高，水深增大，波浪作用增强，加剧了风暴潮灾害。据有关科学家推测，由于相对海平面上升，至 2050 年，渤海西岸和珠江三角洲五十年一遇的风暴潮位将分别缩短为二十年和五年一遇，长江三角洲百年一遇的高潮位将缩短为十年一遇。

1989—2008 年间，我国沿海发生风暴潮的次数分别为 10、4、3、3、5、11、10、6、4、7、5、8、6、8、10、10、11、9、13、25 次，平均每年 8.45 次，呈现出近年来发生频率增加的趋势。1989—2007 年，风暴潮造成的经济损失每年高达几十亿元甚至上百亿元，占海洋灾害损失的绝大部分。由此可见，由海平面上升而加剧的风暴潮灾害不仅居海洋灾害之首，而且已成为威胁我国沿海经济发展最严重的自然灾害之一。

表2-4 近20年我国沿海台风风暴潮各年发生情况[2]

项目	1989	1990	1991	1992	1993	1994	1995	1996	1997	1998
台风风暴潮发生总频数(次)	10	4	3	3	5	11	10	6	4	7
成灾的台风风暴潮频数(次)	8	4	3	3	4	6	4	3	2	3
直接经济损失(亿元)	54	41	23	102	84	193	100	290	308	20
死亡失踪人口	522	298	146	231	132	1248	33	644	220	146
项目	1999	2000	2001	2002	2003	2004	2005	2006	2007	2008
台风风暴潮发生总频数(次)	5	8	6	8	10	19	11	9	13	11
成灾的台风风暴潮频数(次)	2	4	6	8	10	19	11	9	13	11
直接经济损失(亿元)	52	121	100	66	80	54	332	218	88	206
死亡失踪人口	758	79	401	124	128	140	371	492	161	152

来源：(中国海洋灾害公报，1989–2008)

[1] 左书华、李蓓：《近 20 年中国海洋灾害特征、危害及防治对策》，《气象与减灾研究》2008 年第 4 期，第 28—33 页。

[2] 数据来源：中国海洋灾害公报（1989—2008）。

第二节　气候变化加速中国国土质量的下降

一个国家的领土如果减少了，无论出于何种原因，毫无疑问属于国家安全问题，因为国民的生存空间减少了。一个国家的领土即使没有减少，但如果土地质量严重下降，变得不适宜人类生活和生产了，同样意味着国民的生存空间被压缩，实质上等同于领土面积的减少，也应被视为国家安全问题。中国的土地荒漠化就属于这类问题。

一、中国沙漠化的现状及危害

中国是世界上荒漠化面积大、分布广、类型复杂、危害重的国家之一。中国发生土地荒漠化的潜在面积为 3.317 亿公顷，占国土总面积的 34.6%。2004 年，全国荒漠化土地总面积为 2.636 亿公顷，占国土面积的 27.46%，占荒漠化可能发生区域总面积的 79.47%，高于 69% 的世界平均水平。中国的荒漠化土地主要分布在北京、天津、河北、山西、内蒙古、辽宁、吉林、山东、河南、海南、四川、云南、西藏、陕西、甘肃、青海、宁夏、新疆 18 个省、自治区、直辖市的 498 个区县。其中，风蚀荒漠化土地面积为 1.839 亿公顷，分别占国土面积和荒漠化土地面积的 19.16% 和 69.77%，主要分布在西北、华北和东北地区的 13 个省，形成了一条西起塔里木盆地、东至松嫩平原西部，东西长约 4500 公里、南北宽约 600 公里的风沙带；水蚀荒漠化土地面积 2593 万公顷，主要分布在黄河中上游的黄土高原地区；冻融荒漠化土地面积 3636 万公顷，主要分布在青藏高原的高寒地带；盐渍化土地 1737 万公顷，比较集中连片地分布于塔里木盆地周边绿洲以及天山北麓的山前冲积平原地带，以及河套平原、华北平原。[1] 我国北方沙

[1]《联合国防治荒漠化公约》中国执委会秘书处，（2006 年 5 月）中国履行《联合国防治荒漠化公约》国家报告，http://www.desertification.gov.cn/gongyue/china2006-chi.pdf。

质荒漠化在20世纪50年代下半叶一直呈现出扩展的趋势，50年代中期至70年代中期年扩展速度平均为1560平方千米，70年代中期至80年代中期年平均为2100平方千米，80年代中期至90年代初期年平均为2460平方千米，到了90年代末已发展到3436平方千米。[1]

表2–5　中国荒漠化和沙化状况公报

退化类型	1990—1999年		2000—2005年	
面积	百万公顷	占总面积的百分比	百万公顷	占总面积的百分比
风蚀荒漠化	187.31	19.51%	183.94	19.16%
水蚀荒漠化	26.48	2.76%	25.93	2.70%
盐渍化	17.29	1.80%	17.38	1.81%
冻融荒漠化	36.40	3.79%	36.37	3.79%

严重的土地荒漠化、沙化威胁着我国生态安全和经济社会的可持续发展，威胁中华民族的生存和发展。[2] 我国北方地区风沙危害十分严重，近4亿人口、5万多个村庄、1300多公里铁路、3万公里公路、数以千计的水库、5万多公里沟渠常年受到风沙危害。加强荒漠化防治工作，构建我国北方绿色生态屏障，对于根除沙患，维护中华民族的生存根基，建设生态文明，推动科学发展，具有十分重大的战略意义。[3]

虽然进入21世纪以来，中国荒漠化防治步伐大大加快，荒漠化持续扩展的趋势已得到初步遏制，荒漠化土地已从20世纪90年代后期年均扩张104万公顷，转变为21世纪初年均缩减75.85万公顷，但目前的治理成效还是初步的和阶段性的，荒漠化防治面临的形势和任务依然严峻，防治任务仍然十分艰巨。主要原因在于：荒漠化地区生态环境脆弱，植物群落稳定性差；荒漠化地区依然贫困，导致荒漠化的自然和社会因素依然存

---

[1] 苏志珠、卢琦、吴波、靳鹤龄、董光荣：《气候变化和人类活动对我国荒漠化的可能影响》，《中国沙漠》2006年5月第26卷第3期，第329页。

[2] 国家林业局，第三次中国荒漠化和沙化状况公报，2005年6月。

[3] 努力实现“沙逼人退”向“人逼沙退”的转变——访全国绿化委员会副主任、国家林业局局长贾治邦，http://www.desertification.gov.cn/xinxi/news329.htm。

在；气候变动可能导致干旱而加速荒漠化的可能性不可低估。[1]

二、气候变化与中国的荒漠化

研究表明，影响中国荒漠化发生和发展的因素很多，其中气候变化是影响荒漠化的主要因子之一。尤其是水分平衡变化会对荒漠生态系统产生一定的影响，主要通过气候变化对旱地土壤、植被、水文循环的影响，进而改变荒漠植被、荒漠化的范围、发展速度和强度等，在大范围内控制着荒漠化的扩展与逆转过程。当降水量减少，地表土壤干燥，原生植被退化，风沙活动强烈，长期积累的有机物质、水分和黏粒物质逐步降低，土壤受侵蚀，则荒漠化扩展；降水量增多，地表土壤含水量增加，沙漠化土地逐步向生草化、成土作用过程发展，植被生长繁衍，植被种类增多和盖度提高，使地表侵蚀速率降低以致消失，有机质、养分和黏粒物质逐步增多，并形成积累，则荒漠化逆转。[2]

研究表明，我国西北干旱区沙区沙漠化面积在扩大。沙区人口稀少，受人类活动的影响比较少，自然气候变化对沙漠化起着决定性的作用。即使未发生气候变化，在现有的气候条件和没有人为干扰的情况下，沙区沙漠化进程也不会停止，人为干预只能调节其进程的速度。从沙漠化的主导因素来看：沙区以自然因素为主，由于主风的作用，沙漠前移也不可避免。西北干旱区气温都有增加趋势，而降水量除了河西走廊变化不大外，其他地区都有增加趋势，虽然降水量增加，但是温度升高明显使干旱加强，荒漠边缘流沙面积明显扩大，这必然导致沙漠化的易发和其进程的加速。近50年由于塔克拉玛干沙漠、河西走廊沙漠区和柴达木沙漠区气候变暖，蒸

[1] 中国履行《联合国防治荒漠化公约》国家报告，来自《联合国防治荒漠化公约》中国执委会秘书处（2006年5月），http://www.desertification.gov.cn/gongyue/china2006-chi.pdf。

[2] 丁一汇、王守荣：《中国西北地区气候与生态环境概论》，气象出版社2001年版；苏志珠、卢琦、吴波、靳鹤龄、董光荣：《气候变化和人类活动对我国荒漠化的可能影响》，《中国沙漠》2006年5月，第26卷第3期。

发量增大，使干旱危害加剧，这必然导致沙漠化的易发和其进程的加速。[1]

我国内蒙古的毛乌素地区自 20 世纪 50 年代以来沙质荒漠化面积不断扩大，正是由于降水量减少，气候干旱频率增加引起。[2]

环青海湖地区自 1956—2004 年以来，年均气温呈缓慢升高趋势，年均增温率为 0.262℃ /10a，明显高于全国年平均增温率（0.208℃ /10a），而年降水量没有明显的变化趋势。受暖干气候的影响，1956—2000 年环青海湖地区土地沙漠化趋势加剧（见表 2-6），沙漠化土地净增面积 1194.92 平方公里，平均年净增 27.15 平方公里。而且，随着时间的推移，年增长率逐渐升高，到 20 世纪 90 年代末，年增长率已从 50 年代至 70 年代的 0.60% 升至 3.92%。此阶段土地沙漠化已处于强烈发展阶段。[3]

表2-6 环青海湖地区1956—2000年沙漠化面积发展趋势（单位：平方公里）[4]

年份	面积	面积变化	年均增加面积	年增长率
1956	452.88	——	——	——
1972	498.40	45.52	2.85	0.60
1986	756.60	258.2	18.44	3.30
1999	1247.80	491.2	37.78	3.92

据 2006 年新华社消息，有关气象监测表明，我国最大内陆咸水湖青海湖以南地区沙丘正在以一年 5.9~8.6 米的水平速度移动，并且以一年 20 米左右的速度在“长高”，说明这一地区的沙漠化程度在加剧。[5]

一项 2009 年 11 月完成的研究显示，长江源区草地生态系统目前整体

[1] 任朝霞、杨达源：《近 50 年西北干旱区气候变化趋势及对荒漠化的影响》，《干旱区资源与环境》2008 年 4 月第 22 卷第 4 期，第 92 页。

[2] 那平山、王玉魁、满都拉、徐树林：《毛乌素沙地生态环境失调的研究》，《中国沙漠》1997 年 12 月，第 17 卷第 4 期，第 410~414 页。

[3] 虞卫国、陈克龙：《青海湖环湖区沙漠化土地的遥感动态研究》，《盐湖研究》2002 年第 4 期。

[4] 虞卫国、陈克龙：《青海湖环湖区沙漠化土地的遥感动态研究》，《盐湖研究》2002 年第 4 期。

[5]《研究显示青海湖以南地区沙漠化程度加剧》，新华社 2006 年 9 月 12 日电（http://news.sina.com.cn/c/2006-09-12/104710988100.shtml）。

上处于退化状态，气候变化是长江源区草地退化的主要驱动力。气候变化对源区高寒草地生态系统的影响主要是温度升高导致各类冻土活动层厚度增大，冻土面积萎缩。在过去的25年间，活动层厚度增加了0.5~1.2米。活动层厚度的增加导致土壤水分下降，从而使草地植被覆盖度下降，高覆盖草甸、草原和沼泽面积减少，严重退化的沙漠化土地和黑土滩型裸草地面积增加；同时，高寒湿地分布面积急剧萎缩。在引起源区高寒草甸草地退化的众多因素中，气候变化是决定因素，其贡献率为81%，其次是人为因素，贡献了18%的比重。[1]

依据荒漠化现状和我国未来年平均气温升高的趋势以及多年来的气候资料，学者们对全球气候变暖对我国沙区荒漠化的发展趋势做了预测。有学者认为随着全球气候变暖，我国未来荒漠化气候类型区和荒漠化面积将继续扩大，区域干旱化程度仍将进一步加剧。[2]还有学者则证明了温室气体增暖效应与各沙区气温、降水之间存在相关性。其中，温室气体增暖效应与北方沙区、西北部沙区、东部沙区气温变化呈正相关，与中部沙区气温变化呈反相关，与西部沙区气温变化关系不明显。增暖效应与北方沙区、西北部沙区降水呈负相关，与其余沙区降水呈正相关。尽管各沙区气温、降水变化趋势有一定差异，但就整个北方沙区来讲，气温升高，降水减少，未来80年自然荒漠化仍有扩展趋势。[3]

---

[1] 徐明、马超德：《长江流域气候变化脆弱性与适应性研究》报告摘要（http://www.wwfchina.org/wwfpress/publication/freshwater/yangtzereport2009.pdf）。

[2] 慈龙骏、杨晓晖、陈仲新：《未来气候变化对中国荒漠化的潜在影响》，《地学前缘》2002年第2期，第287—294页；慈龙骏：《全球变化对我国荒漠化的影响》，《自然资源学报》1994年第4期，第289—303页。

[3] 董光荣、尚可政、王式功等：《我国北方地区现代自然沙漠化过程的可能发展趋势》，载丁一汇主编《中国的气候变化与气候影响研究》，气象出版社1997年版，第416—425页。

第三章　气候变化与中国水安全

水乃生命之源。我国地处东亚季风区，水资源年内和年际不规则变化是我国水资源系统脆弱性的主要特征。而气候变化正在加剧我国水资源固有的脆弱性，集中表现为加剧我国淡水资源短缺形势和供需矛盾。气候变化对水利的影响主要体现在水利工程的服役环境将发生显著恶化。

第一节　气候变化对中国淡水资源的影响

水乃生命之源。我国水资源短缺，时空分布不均，人均水资源拥有量不足世界平均的1/4，约为2200立方米，2030年将缺水约4600亿立方米。我国的淡水资源总量约2.8万亿立方米，居世界第六位，但因人口基数大，人均淡水占有量仅2220立方米，只是世界平均水平的1/4，美国的1/5，加拿大的1/48，并被列为13个贫水国家之一。[1] 预计到2030年中国人口增至16亿时，人均水资源量将降至1760立方米，接近国际公认的用水紧张国家的标准线1700立方米。资料显示，目前全国669座城市中有400座供水不足，110座严重缺水，日缺水量1600万吨，每年因缺水造成的直接经济损失达2000亿元，每年因缺水少生产粮食700~800亿公斤。到2050年我国将缺水6000~7000亿立方米。[2] 由此可见，我国的淡水安全问题日益突出。淡水安全主要涉及饮用水安全、农业用水安全和生态用水安全等。此外，淡水资源短缺也将严重制约工业的发展。

我国地处东亚季风区，水资源年内和年际不规则变化是我国水资源系统脆弱性的主要特征。而气候变化正在加剧我国水资源固有的脆弱性，集中表现为加剧我国淡水资源短缺形势和供需矛盾。

气候变化对径流的影响主要通过气温升高或降水增减而引起径流量发生变化。气候变化在过去的100多年中已经引起我国水资源的变化：近40年，我国六大江河（长江、黄河、珠江、松花江、海河、淮河）的实测径流量都呈下降趋势。下降幅度最大的是海河流域黄壁庄的测量结果，每10年递减率达36.64%；其次，为淮河的三河闸，每10年递减率为26.95%；松花江为1.65%。[3] 而过去100多年来我国主要河流径流均处于

[1] 中国水资源网信息（http://stuweb.zjhzyg.net/08/_private/0810/081032/_private/ziyuan.htm）。

[2] 秦大河等主编：《中国气候与环境演变》下卷——《气候与环境变化的影响与适应、减缓对策》，科学出版社2005年版，第25页。

[3]《气候变化国家评估报告》编写委员会编著：《气候变化国家评估报告》，科学出版社2007年版，第203页。

减少趋势，其中黄河流域减少最大，长江流域减少较小。[1]

张建云、王国庆等学者通过对黄河中游降水、径流历史变化的考察，基于对天然时期水文过程的模拟，定量评价了气候变化和人类活动对黄河中游河川径流的影响。研究显示，人类活动在各个年代对径流量的相对影响均超过 55%，其中在 20 世纪 80 年代的相对影响接近 70%；气候因素对径流的相对影响量呈现先减少后增大的变化，其中，在 70 年代的相对影响量最大，超过 40%。就 1970—2000 年的总体情况而言，人类活动是黄河中游径流量减少的主要因素，气候变化和人类活动对径流的影响分别占径流减少总量的 38.5% 和 61.5%。详见表 3–1。

表3–1　气候变化和人类活动对黄河中游径流量的影响[2]

起止年份	实测值（亿立方米）	计算值（亿立方米）	总减少量（亿立方米）	气候因素		人类活动因素	
				（亿立方米）	（%）	（亿立方米）	（%）
背景值	237.5						
1970—1979	148.5	198.5	89.0	39.0	43.82	50.0	56.18
1980—1989	172.7	217.6	64.8	19.9	30.67	44.9	69.33
1990—2000	95.3	181.1	142.2	56.4	39.64	85.8	60.36
1970—2000	138.8	199.5	98.7	38.0	38.53	60.6	61.47

在人类活动与气候变暖的共同影响下，20 世纪 50 年代以来，我国湖泊干涸萎缩的状况十分严重。尤其是我国位于青藏高原寒区和蒙新高原旱区的湖泊对气候变化显示出高度的敏感性。气候对我国寒区和旱区湖泊变化具有重要影响，表现在时间尺度上的年代际变化和空间尺度上的区域性变化，气候对湖泊变化的影响均是十分显著的。[3] 我国有 142 个大于 10 平方公里的湖泊萎缩，总面积减少 9574 平方公里，占萎缩前湖泊面积的 12%，蓄水量减少 516 亿立方米，占湖泊总蓄水量的 6.5%。其中长

[1] 叶柏生等：《100 多年来东亚地区主要河流径流变化》，《冰川冻土》，2008 年第 4 期，第 556—561 页。

[2] 张建云等：《黄河中游水文变化趋势及其对气候变化的响应》，《水科学进展》，2009 年第 2 期，第 153—157 页。

[3] 丁永建、刘时银、叶柏生、赵林：《近 50a 中国寒区与旱区湖泊变化的气候因素分析》，2006 年 5 期，第 623—632 页。

江、海河与黄河区湖泊萎缩比较严重。长江区有 79 个湖泊发生萎缩，萎缩面积 6003 平方公里，占萎缩前湖泊面积的 28%，占全国湖泊萎缩面积的 63%。海河区 5 个湖泊萎缩，湖泊面积减少 1013 平方公里，占萎缩前湖泊面积的 67%。全国及各水资源一级区湖泊萎缩情况，见表 3–2。[1]

表3–2 全国及各水资源一级区湖泊萎缩情况

一级区	湖泊数量（个）	湖泊面积		湖泊蓄水量	
		面积减少（平方公里）	占总面积（%）	蓄水量减少（亿立方米）	占总蓄水量（%）
全国	142	9574	12.4	515.8	6.5
松花江区	10	65	1.6	1.7	1
海河区	5	1013	67.3	10.2	60.6
黄河区	11	602	23.3	18.1	8.9
淮河区	7	703	13	11.1	12.4
长江区	79	6003	28.1	282.6	27.3
珠江区	4	35	8.8	1.9	0.9
西北诸河区	26	1153	2.8	190.2	3.1

如果按湖泊类型分类统计，各类湖泊中以淡水湖泊萎缩最为严重，萎缩面积占全国湖泊萎缩面积的 81%，蓄水减少量占全国的 60%。

表3–3 我国不同类型湖泊萎缩情况统计[2]

湖泊类型	湖泊数量（个）	湖泊面积		湖泊蓄水量	
		面积减少（平方公里）	占总面积（%）	蓄水量减少（亿立方米）	占总蓄水量（%）
淡水湖	105	7797	19.8	310.8	11.7
咸水湖	27	1176	4.3	189	4.1
盐湖	10	601	5.6	16	2.7
全国	142	9574	12.4	515.8	6.5

我国湖泊干涸情况主要发生在西北内陆地区和东部平原区。新疆玛纳斯湖 1962 年干涸，罗布泊和台特玛湖 1972 年干涸，艾丁湖 1980 年干涸。青海省自 20 世纪 50 年代以来已有卡巴纽尔多湖等多个湖泊完全干涸。

[1] 秦大河总主编，丁一汇主编：《中国气候与环境：2012 年》第二卷《影响与脆弱性》上册，第 249 页。

[2] 秦大河总主编：《中国气候与环境：2012 年》第二卷《影响与脆弱性》上册，第 249 页。

据统计，20 世纪 50 年代至 90 年代，全国约 417 个湖泊干涸，干涸面积 5279.6 平方公里，其中大于 10 平方公里以上的有 94 个湖泊干涸，干涸面积 4327 平方公里。详见表 3–4。[1]

表3–4　我国大型湖泊面积（干涸）情况

湖泊名称	20世纪50年代面积（平方公里）	2000年面积（平方公里）	萎缩干涸面积（平方公里）	面积萎缩率（%）
艾比湖	1070	735	335	31.3
博斯腾湖	996	992	4	0.4
艾丁湖	124	50	74	59.7
布伦托海	835	753	82	9.8
青海湖	4568	4236	332	7.3
岱海	200	119	81	40.5
罗布泊	1280	0	1280	100
玛纳斯湖	550	0	550	100
台特马湖	150	0	150	100
西居延海	267	0	267	100
鄱阳湖	5190	3750	1440	27.7
洞庭湖	4350	2625	1725	39.7
太湖	2498	2338	160	6.4
洪泽湖	2069	1597	472	22.8
洪湖	638	344	293．6	46.1
南四湖	1185	1097	88	7.4

气候变化对我国水资源的影响还表现为通过引发冰川退缩，最终加剧水荒。冰川变化对水资源的影响表现为：短期内，冰川的加速萎缩可导致河川径流增加；随着冰川的大幅度萎缩，冰川径流趋于减少，势必引发河川径流的持续减少，不仅减少水资源量，更使冰川失去对河川径流的调节作用，导致水资源—生态与环境恶化的连锁反应。[2]

冰川是我国极其重要的固体水资源，对我国淡水资源发挥着重要的调节作用：一是水资源补给作用，二是对河径流的削峰补缺调节作用。我国

[1] 秦大河总主编：《中国气候与环境：2012 年》第二卷《影响与脆弱性》上册，第 250 页。

[2] Jansson P, Hock R, Schneider T, The Concept of Glacier Storage—A Review,Journal of Hydrology, 2003, 282: 116–129.

共有冰川 46377 条，面积达 59426 平方公里，冰储量 5600 立方公里，[1] 折合水储量 50310 亿立方米（相当于 5 条长江以固态形式储存于西部高山）。每年平均冰川融水量约为 620 亿立方米，与黄河多年平均入海径流量相当。在过去的 300~350 年里，由于气候变化，中国的冰川已减少了 1/4。近 40 年，中国冰川面积缩小了 3248 平方公里，相当于 20 世纪 60 年代冰川面积的 5.5%，冰储量约减少 389 立方公里，减少率为 7.0%，冰面平均降低 6.5 米。20 世纪 90 年代以来，冰川退缩的幅度急剧增大，原来前进或稳定的冰川转入了退缩状态。随着冰川的加速消融，对冰川补给性河流而言，虽然短期内增加了径流，但最终会导致河流枯竭、水荒发生。[2]

据统计，自小冰期（15—19 世纪）以来，我国西部山区冰川面积减少 16013 平方公里，约为小冰期时冰川面积的 21.2%，储量减少了 1373 立方公里冰量，折合水储量 12494 万亿立方米。详见表 3-5。[3]

表3–5　我国西部小冰期以来冰川面积变化统计

水系	条数	现代冰川面积（平方公里）	小冰期以来减少面积（平方公里）	储量变化（%）	现代储量（立方公里）	小冰期以来减少储量（立方公里）	储量变化（%）
鄂毕河	403	289.3	–137.4	–32.2	17.2	–11.6	–40.2
黄河	176	172.4	–60.8	–26.1	12.0	–5.1	–29.9
长江	1332	1895.0	–470.2	–19.9	141.6	–39.6	–21.8
湄公河	380	316.3	–130.3	–29.2	17.2	–10.9	–38.8
萨尔温江	2021	1730.2	–693.7	–28.6	111.2	–58.4	–34.4
恒河	13008	18102.1	–4584.5	–20.2	1573.4	–389.6	–19.8
印度河	2033	1451.3	–692.8	–32.3	91.1	58.4	–39.1
伊犁河等流域	2385	2048.2	–818.7	–28.6	140.3	–69.0	–33.0
塔里木盆地、柴达木盆地内流区	19298	25584.3	–6779.4	–20.9	2610.2	–582.4	–18.2

[1] 施雅风主编：《简明中国冰川目录》，上海科学普及出版社 2005 年版，第 194 页。

[2]《中国冰川加速消融最终会导致河流枯竭水荒发生》，中国新闻网（http://www.chinanews.com.cn/gn/news/2007/03-29/903590.shtml）。

[3] 秦大河总主编：《中国气候与环境：2012 年》第一卷《科学基础》，第 209—210 页。

我国西部冰川分布区是亚洲 10 条大江大河（长江、黄河、塔里木河、怒江、澜沧江、伊犁河、额尔齐斯河、雅鲁藏布江、印度河、恒河）的水资源形成区。我国主要的大江大河都有冰川融水补给，尤其是干旱区的水资源很大程度上依赖于冰川融水。例如，塔里木河冰川融水补给比例高达 40% 以上。[1] 冰川进退对绿洲萎扩和湖泊消涨具有重要的调节和稳定作用，冰川是我国干旱区绿洲稳定和发展的生命之源。实际上，正是由于冰川和积雪的存在，才使得我国深居内陆腹地的干旱区形成了许多人类赖以生存的绿洲，也使得我国干旱区有别于世界上其他地带性干旱区。可以说，没有冰川积雪就没有绿洲，也就没有在那里千百年来生息的人民。[2] 在过去的几十年间，中国西部冰川变化十分显著，尤其是近十几年来，冰川呈现加速变化之势，已对中国西部及周边地区的水资源变化产生了明显的影响。[3] 在气候变化和人类活动的共同作用下，塔里木河已经断流。

更严重的是，作为中华文明发源地和经济动脉的长江、黄河上游冰川融化加剧，对我国的水资源造成严重影响，危及中华民族的生活质量乃至生存。历史上，平均海拔 4461 米的三江源地区水源丰富，长江总水量的 25%、黄河总水量的 49%、澜沧江总水量的 15% 都来自这一地区，三江源也因此被人们称为“中华水塔”。长江源区冰川面积 1971 年时为 1283.66 平方公里，到 2002 年时为 1215.53 平方公里，31 年间冰川面积总体萎缩了 5.3%。

到 2008 年，长江源区冰川总面积已缩减至 1051 平方公里，冰川年消融量达 9.89 亿立方米。[4]2005 年中科院兰州寒区旱区环境与工程研究所完成的报告“黄河源之危——气候变化导致黄河源区生态环境恶化”指出，

---

[1]《气候变化国家评估报告》编写委员会编著：《气候变化国家评估报告》，科学出版社 2007 年版，第 207 页。

[2] 丁永建、秦大河：《冰冻圈变化与全球变暖：我国面临的影响与挑战》，《中国基础科学》2009 年第 3 期，第 4 页。

[3] 刘时银、丁永建等：《中国西部冰川对近期气候变暖的响应》，《第四纪研究》2006 年第 5 期，第 762—771 页。

[4]《调查显示：中国第一大河长江源区冰川面积加快萎缩》，中国新闻网（http://www.chinanews.com.cn/gn/news/2009/07-28/1793616.shtml）。

近50年黄河源区的平均气温上升了0.88℃，在这种趋势下，仅最近30年间黄河源区冰川面积就减少了17%，直接造成水资源损失23.9亿立方米，不仅威胁到黄河源区人民的生活，而且将对黄河全流域产生深远影响。”[1]

根据对观测到的气候变化的线性外推，与1961—1990年相比，预计到2050年，中国西北地区地表气温预估的上升会导致冰川面积减少27%、冻土面积减少10%~15%、洪水和泥石流增加，且会出现更严重的缺水状况。[2] 在高山地区，即青藏高原、新疆和内蒙古，预计其季节性积雪的持续时间会缩短，导致雪量减少，造成春季严重干旱。到21世纪末，宁夏、新疆和青海的人均径流量可能会减少20%~40%。[3]

第二节　气候变化对水利工程的影响

气候变化对水利的影响主要体现在水利工程的服役环境将发生显著恶化。如江河径流量减少，导致水体盐度、导电率增加；大气中二氧化硫等酸性气体含量增加，会加重酸雨的影响；由于海平面上升，东南部沿海地区河口咸潮上溯的现象频繁，由此引起海水入侵沿海地下淡水层、沿海土地盐渍化等。这些将加重沿海水工钢筋混凝土建筑物的腐蚀破坏。另外，全球气候变化背景下，持续干旱、寒潮、冰冻等极端天气气候事件出现频率和强度明显增加，这将对水工程本身产生直接影响。如突发持续干旱或年平均相对湿度下降对潮湿地区水工混凝土材料和结构开裂的影响，极端寒潮低温事件对水工大体积混凝土与薄壁复杂应力结构开裂的影响等。如2008年年初我国南方地区遭遇的历史罕见的低温、雨雪和冰冻灾害对水利行业的民生工程造成重大破坏；根据公开报道进行不完全统计，这次

---

[1]《气候变化导致黄河源区生态环境恶化》，中国网（http://www.china.com.cn/chinese/huanjing/1008608.htm）。

[2] 秦大河总主编，丁一汇主编：《中国西部环境演变评估》第二卷——《中国西部环境变化的预测》，科学出版社2002年版，第64、73、115、132、145—154、160—161页。

[3] Tao, F.L., M. Yokozawa, Y. Hayashi and E. Lin, A perspective on water resources in China: interactions between climate change and soil degradation. Climatic Change, 68(1-2), 2005, pp.169-197.

灾害中，仅湖南、贵州、四川、广西、湖北、重庆的水利行业的直接经济损失合计就达58.7亿元，占民政部公布的全国1111亿元直接经济损失的5.3%。

【案例一】 气候变化与三峡工程

三峡工程大坝坝址在宜昌市三斗坪，位于已建成的葛洲坝水利枢纽上游约40公里处。三峡工程是中国，也是世界上最大的水利枢纽工程，是治理和开发长江的关键性骨干工程，具有防洪、发电、航运等巨大的综合效益，对加快我国现代化进程，提高综合国力具有重要的战略意义。三峡工程水库正常蓄水位175米，总库容393亿立方米；水库全长600余公里，平均宽度1.1公里；水库面积1084平方公里。经过三峡水库调蓄，可使荆江河段防洪标准由现在的约十年一遇提高到百年一遇。1992年，全国人民代表大会表决通过《关于兴建长江三峡工程的决议》，1993年三峡工程开工建设。1997年大江顺利截流，2002年三峡水库下闸蓄水，2006年10月27日三峡水库实现156米蓄水目标。自2003年首批机组发电以来，截至2009年6月，三峡电站累计发电突破3200亿千瓦时。2009年，除批准缓建的升船机工程外，三峡工程初步设计任务全部完成。三峡工程继续进行175米试验性蓄水。截至2007年年底，枢纽工程累计完成动态投资776亿元，输变电工程累计完成动态投资345亿元，移民工程累计完成动态投资586亿元，合计完成动态投资1707亿元。[1]

气候变化对三峡工程安全的影响表现在对三峡水库运行风险的影响上，主要包括以下几个方面：气候变化引起降水等气象要素的变化将增加入库量，尤其当入库量超出原库容设计标准及相应的正常蓄水位时产生的水库运行风险；气候变异导致洪水频次增大以及气候极值的增加导致超标

[1] 相关信息来自中国三峡集团公司网站（http://www.ctgpc.com.cn/index.php）。

准洪水产生，造成水库防洪调度运行的风险（由于气候变化，百年一遇洪水的频率变为 50 年一遇，将对三峡水库的运行带来极大的风险）；极端气候事件出现的概率增加，暴雨强度和暴雨次数增多可能引起地质灾害频发，对三峡水库的影响不可忽视。特别是滑坡、泥石流灾害有可能对三峡水库形成巨大冲击，从而危害大坝的安全，甚至诱发地震。[1]

我国有关气候变化对长江流域洪水和枯水的可能影响的研究结果表明，气候变化可能引起长江上游水量增加，中游汛期洪涝频发的可能性较大。王维强等人的研究结果表明，大气中温室气体含量增加一倍达平衡时，2050 年长江流域增温 4.6℃，降水增加 7%，但是季节分配不均，其中夏季降水增加 12.9%，土壤水分升高 3.4%；冬季降水减少 0.7%，土壤水分下降 9.0%。这意味着气候变化可能使长江流域枯水期的干旱与汛期的洪涝发生的概率都加大。[2] 这对于三峡水库的安全将带来严峻的考验。

【案例二】 气候变化与南水北调工程

南水北调工程是缓解中国北方水资源严重短缺局面的重大战略性工程，是当今世界上规模最大的远距离、跨流域、跨省市调水工程。我国南涝北旱，南水北调工程通过跨流域的水资源合理配置，大大缓解我国北方水资源严重短缺问题，促进南北方经济、社会与人口、资源、环境的协调发展。1952 年，毛泽东首先提出这一宏伟设想。经过 50 多年的研究和论证，我国政府决定分别从长江上、中、下游分三条线路向北方地区调水。

【东线工程】

从长江下游江苏省扬州江都抽引长江水，利用京杭大运河及与其平行的河道逐级提水北上，并连接起调蓄作用的洪泽湖、骆马湖、南四湖、东

[1] 秦大河等总主编，陈宜瑜主编：《中国气候与环境演变》下卷——《气候与环境变化的影响与适应、减缓对策》，科学出版社 2005 年版，第 275—276 页。

[2] 王维强、葛全胜：《论温室效应对中国社会经济发展的影响》，《科技导报》1993 年第 3 期，第 38—42 页。

平湖。出东平湖后分两路输水，一路向北，经隧洞穿黄河，流经山东、河北至天津。输水主干线长 1156 公里；一路向东，经济南输水到烟台、威海，输水线路长 701 公里。

【中线工程】

从长江中游北岸支流汉江加坝扩容后的丹江口水库引水，跨越长江、淮河、黄河、海河四大流域，可基本自流到北京、天津。输水总干线全长 1267 公里。其中，穿黄工程是南水北调中线总干渠穿越黄河的关键、控制性工程，是南水北调工程中投资较大、施工难度最高、立交规模最大的控制工期建筑物，同时也是人类历史上最宏大的穿越大江大河的工程。其任务是将中线调水从黄河南岸输送到黄河北岸，向黄河以北地区供水。

【西线工程】

在长江上游通天河、支流雅砻江和大渡河上游筑坝建库，开凿穿过长江与黄河的分水岭巴颜喀拉山的输水隧洞，调长江水入黄河上游，补充黄河水资源的不足，主要解决涉及青海、甘肃、宁夏、内蒙古、陕西、山西等黄河上中游地区和渭河关中平原的缺水问题。西线工程艰巨，其建设时期在东线、中线调水工程完成之后。在规划的 50 年间，南水北调工程总体规划分三个阶段实施，总投资将达 4860 亿元。[1]

气候变化对南水北调工程的影响主要集中在对南水北调工程调水量的影响上。从东线看，长江下游地区水量极为丰富，长江多年平均径流量 9560 亿立方米，入海水量 8900 亿立方米。气候变化对长江下游多年平均径流量的影响不大，但调水量受到对下游航运及生态与环境的制约。尤其是当三峡水库蓄水与南水北调同时运行时，要防止枯水年入海径流的锐减可能导致的海水入侵与风暴潮灾害的加剧。从中线看，气候变化对南水北调工程影响较大。研究表明，近 30 年，库区水源地年平均气温呈明显的

[1] 国务院南水北调工程建设委员会办公室网站（http://www.nsbd.gov.cn/）。

增温趋势，特别是从20世纪90年代初至21世纪初的10年中增温明显，冬、春季节的增温贡献较大。这种气温变化趋势可能会对库区水源地的水资源造成如下影响：

第一，库区水源地气候变暖将导致地表径流、旱涝灾害频率和一些地区的水质等发生变化，特别是水资源供需矛盾将更加突出。库区水源地的气候变暖将使库区上游及周边入库的径流减少，蒸发加大，直接影响水库容量。

第二，水温的升高会促进水中污染物的沉淀和废弃物分解。

第三，库区水源地是农业生产区，种植业占主导地位，气候变暖后，特别是冬、春季节气温的升高会使土壤有机质的微生物分解加快，造成地力下降，直接影响农作物产量；另外，昆虫在春、夏、秋三季繁衍的代数增加，加剧病虫害的流行和杂草蔓延，致使农药和化肥的使用量加大，未经作物吸收利用的农药、化肥通过地表径流、地下渗透等方式进入库区水体，在一定程度上加剧了水体的污染。[1]

与此同时，从中线看，气候变化可能导致南水北调水源区无水可调的风险。以丹江口为例，丹江口水源区与北方受水区同时枯水的概率高达27%，平均不到4年就会发生一次，南北方同时连续枯水的概率也高达10%以上，因此，当北方缺水时，南方无水可调的风险很大。同时，汉江有“丰枯水年”。丹江口水库在必须兼顾中下游地区用水利益的前提下，在平水年和干旱的缺水年（10年中有6年左右）无法为北京引入预期水量，甚至是根本无水可调。

中线工程中，目前汉江已出现了多次类似于海洋赤潮的水华事件。如果汉江上游来水大幅度锐减，汉江中下游工农业污水、生活污水汇入汉江后，水环境将难以维系自净能力，水质将发生严重的恶化，势必损害汉水的生态功能，从而危及汉水的生产与饮用功能、养殖功能和旅游功能。

---

[1] 陈燕、郭志勇、单伟：《丹江口库区气候变化及对生态环境的影响》，《河南气象》2006年第4期，第42—43页。

此外，南水北调工程是实现我国水资源南北调配、东西互济的宏大水利工程，由大型节点工程与面广量大呈串联状态分布的中小工程组成。其中仅中线工程需建设渠道、倒虹吸、渡槽、涵洞、桥梁、泵站、交叉建筑物、分流建筑物等1000多项混凝土建筑物工程。一旦遭遇极端天气气候事件而导致串联线上的任一输水建筑物损坏，势必引发严重的运行事故。南水北调工程绵延上千公里，沿线气候环境条件差异显著，遭遇极端天气气候事件袭击的概率大，因而对气候变化更为敏感与脆弱。

在人类赖以生存的各种自然社会系统中，农业系统是受气候变化影响最直接、最脆弱的部门之一。民以食为天。我国是拥有6亿农民的农业大国。保障国家粮食安全是治国安邦的头等大事。气候变化对我国农业的影响具有两重性，既有利，也不利，但以不利为主，主要表现在：第一，农业生产的不稳定性增加，作物产量波动加大，将是困扰农业发展的重要因素；第二，农业生产结构与布局将因气候变化而发生重大调整，种植制度、作物种类和品种布局等都会发生重大变化；第三，农业生产成本改变，农业成本和投资大幅度增加。[1] 另外，局部干旱高温危害加剧，气象灾害造成的农牧业损失加大。

[1] 秦大河等总主编，陈宜瑜主编：《中国气候与环境演变》下卷——《气候与环境变化的影响与适应、减缓对策》，科学出版社2005年版，第80页。

第四章　气候变化与中国粮食安全

虽然气候变化对部分地区（如东北）的粮食生产有利，但也明显增加了干旱、洪涝和低温冷害等灾害性天气的发生几率。气温变化导致我国农业成本提高，气候变暖后，因病虫害造成的粮食减产幅度将进一步增加。近 10 年来，我国稻螟灾害频繁，范围扩大，程度加重，达历史最高水平。

第一节 气候变化增加了中国粮食生产的不确定性

虽然气候变化使部分地区（如东北）的粮食生产得到了发展和提高，但气候变化及其引起的极端天气气候事件增多会对农业生产产生更大的不利影响，增加了我国粮食生产的不确定性。据统计，我国每年由于农业气象灾害造成的农业直接经济损失达1000多亿元，约占国民生产总值的3 %～6 %。[1] 其中干旱和洪涝灾害影响最大。

据1950—2001年的旱灾资料，我国年均受旱面积2000多万公顷，其中成灾930万公顷。全国每年因旱灾损失粮食1400万吨，占同期全国粮食产量的4.7%。[2] 而且总的看，受旱面积和旱灾损失呈增加的趋势，尤其是80年代以后上升的趋势非常明显。从受旱面积和成灾面积看，20世纪50年代农业年平均受旱面积和成灾面积分别是1160万公顷和370.3公顷，90年代后增加到2733.2万公顷和1416万公顷，见表4–1。

表4–1 不同年代受旱面积及成灾面积统计（单位：万公顷）

年代	受旱面积		成灾面积	
	合计	年平均	合计	年平均
1950—1959	11600 .0	1160	3703.3	370.3
1960—1969	17919.2	1791.9	8461.6	846.2
1970—1979	26121.7	2612.2	7453.6	745.4
1980—1989	24562.2	2456.2	11761.8	1176.2
1990—2001	32798	2733.2	16991.9	1416
1950—2001	113001.1	2173.1	4872.2	930.2

从旱灾损失来看，20世纪50年代年平均损失粮食数量及其占粮食总产的比例分别是435万吨和2.54%; 到90年代，这两个指标分别为2702

[1] 刘玲、沙奕卓、白玉明：《中国主要农业气象灾害区域分布与减灾对策》，《自然灾害学报》2003年第2期，第92—97页。

[2] 成福云：《干旱灾害对21世纪初我国农业发展的影响探讨》，《水利发展研究》2002年第2期，第31—33页。

万吨和5.76%。见表4-2。[1]

表4-2 不同年代年均因旱损失粮食统计

年代	粮食总产量（万吨）	因干旱损失粮食（万吨）	因干旱损失粮食与总产量之比（%）
1950—1959	17151	435	2.54
1960—1969	18277	825	4.51
1970—1979	27612	925	3.35
1980—1989	37716	1922	5.10
1990—2001	46888	2702	5.76
1950—2001	30197	1413	4.68

2001-2003年，我国连续3年遭遇旱灾，受灾面积8562万公顷，成灾面积5147万公顷，绝收1197万公顷，损失粮食近1.17亿吨，直接经济损失1526亿元。[2]2007年，我国东北及其他部分地区发生大旱，近4000万公顷农作物受灾，绝收近350万公顷，损失粮食3700多万吨。[3]2009年入夏以后，我国北方遭遇旱灾。截至2009年8月27日统计，全国农作物受旱面积为1.45亿亩，超过多年同期均值300万亩，其中重旱6107万亩，干枯2975万亩。[4]1998年，由于受到世界性强厄尔尼诺事件的影响，我国东北、黄淮海和长江中下游三大粮食主产区遭受严重的洪涝灾害，受灾面积2100多公顷，成灾面积1300多万公顷，绝收300多万公顷。[5]我国的干旱灾害区主要集中分布在北方的黄淮海平原、河套平原和南方的江南丘陵、西南云贵高原。受气候变化影响，20世纪80年代以来，东北地区热量不足的状况有所改善，这固然对粮食生产有利，但与气候变暖相伴发生的气候变率的增加，则明显增加了干旱、洪涝和低温冷害等灾害性天

[1] 成福云：《干旱灾害对21世纪初我国农业发展的影响探讨》，《水利发展研究》2002年第10期，第30—31页；高育峰：《干旱对农业生产的影响及应对策略》，《水土保持研究》2003年第1期，第90—91页。

[2] 秦大河主编：《中国气候与环境：2012年》第二卷《影响与脆弱性》上册，第110页。

[3] 秦大河主编：《中国气候与环境：2012年》第二卷《影响与脆弱性》上册，第119页。

[4]《国家防总：北方地区旱情回升南方旱情发展迅速》，2009年8月28日，新华社（http://www.gov.cn/jrzg/2009-08/28/content_1403415.htm）。

[5] 李福祥、王少利：《中国主要产粮区洪涝灾害与粮食增产潜力》，《中国减灾》，2000年第2期，第22—24页。

气的发生概率，致使该地区成为我国粮食单产波动最大的区域之一。[1]

第二节　气候变化对中国农业生产布局和结构的影响

气候变化对我国农业生产布局和结构的调整的影响主要体现在种植制度的变化上。具体而言，第一，导致农业熟制变化。全球气候变暖对我国的熟制产生了明显影响，一年二熟、一年三熟的种植北界均有所北移，复种面积扩大，复种指数提高。第二，导致冬小麦种植区域北移西延。第三，导致东北玉米带北移东扩。第四，导致晚熟品种种植面积扩大。在我国，到 2050 年全国几乎所有地方的农业种植制度均将因气候变化而发生改变，变暖将导致复种指数增加和种植方式多样化，但降水与蒸散之间可能出现的负平衡和土壤水分胁迫的增加以及生育期的可能缩短，最终将导致我国主要作物的产量下降。[2]

气温变化导致我国农业成本的提高。气温升高使土壤有机质分解加快，化肥释放周期缩短，加上气候变化使灌溉成本提高，进行土壤改良和水土保持的费用增加，势必导致我国农业成本的提高。气候变化将改变施肥量。肥效对环境温度的变化十分敏感，尤其是氮肥，温度升高，会加快氮肥的释放速度和释放量。温度增高 1℃，氮向外界释放量将增加约 4%，释放期将缩短 3.6 天。因此，要想保持原有肥效，每次的施肥量将增加约 4% 左右。施肥量的增加不仅使农民投入增加，其挥发、分解的增加对环境和土壤也十分有害。因而，肥料的施用量在 80 年代之后迅速增加，几乎呈指数增长，化肥施用量由 1981 年的 1334.9 万吨增长至 2006 年的 4766.2 万吨，增长了近 4 倍。而干旱加剧引发有效灌溉，增加了灌溉次数和灌溉量，导致灌溉用水用电显著增长。1981 年全国农业用电量为 369.9 亿千瓦时，2006 年增至 4375.7 亿千瓦时，增长了近 12 倍。气候变化还加剧病虫

[1] 秦大河主编 :《中国气候与环境 : 2012 年》第二卷《影响与脆弱性》上册，第 567 页。

[2] 王馥棠 :《近十年我国气候变暖影响研究的若干进展》,《应用气象学报》2002 年第 6 期，第 755—766 页。

害的流行和杂草蔓延。导致农药的施用量加大。随着气候变暖，作物生长季延长，昆虫在春、夏、秋三季繁衍的代数增加，而冬温较高也有利于幼虫安全越冬。各种病虫的出现范围扩大,加剧病虫害的流行和杂草的蔓延。这就意味着为了保持粮食产量不得不增加农药和除草剂的施用量。农业成本因此大幅增加。总之，农药和化肥施用量以及用电、用水等的增加导致我国主要粮食作物成本增加趋势十分明显。1981—1998 年，水稻、玉米和小麦的成本增加了 6 倍多，1998 年后略有下降，2003 年后又迅速增加。[1]

此外，气候变暖，尤其是冬季气温升高使我国农业病虫害的特点也发生了变化：越冬病虫卵蛹死亡率降低，病害虫数量上升，出现范围扩大，农业害虫的年发生世代增加等。据统计，每年因病虫害造成的粮食减产幅度占同期粮食生产的 9%。气候变暖后，因病虫害造成的粮食减产幅度将进一步增加。近 10 年，我国稻螟灾害频繁，范围扩大，程度加重，达历史最高水平。

我国的一项主要研究显示，如不采取适应措施，到 2030 年，我国种植业生产能力在总体上因气候变暖可能下降 5%~10%，其中小麦、水稻和玉米三大作物均以减产为主。2050 年后受到的冲击更大。[2] 气候变化同时也会对农作物品质产生影响。在二氧化碳加倍的情况下，大豆、冬小麦和玉米的氨基酸和粗蛋白含量均呈下降趋势。[3] 显而易见，气候变化正在危及我国的粮食安全。

[1] 秦大河主编 :《中国气候与环境 : 2012 年》第二卷《影响与脆弱性》上册，第 456 页。

[2]《中国气候变化国家评估报告》，第 195 页。

[3]《中国气候变化国家评估报告》，第 198 页。

第五章　气候变化与人民生命财产安全

近五十年来，中国主要极端天气与气候事件的频率和强度出现了明显变化……未来一百年中国境内的极端天气与气候事件发生的频率还有可能增大。洪涝灾害、干旱、沙尘暴、雪灾、台风等极端气候事件频发，给中国民众的生命、财产和生活质量造成了重大损失。

第一节 气候变化增加极端气候事件的频度和强度

气候变化加速水汽循环，改变降水时空分布及强度，可能造成极端气候异常事件的发生，导致干旱、洪水的频次及强度增加，并可能进一步加剧我国北旱南涝的状况。

我国极端天气事件发生频率和强度变化的表现是：首先，夏季高温热浪增多，特别是1998年以后，35摄氏度以上的高温日数连续显著高于常年平均；其次，区域性干旱加剧，特别是华北地区最近20多年中有8年发生干旱，干旱发生之频繁、干旱范围之广、损失之大，是1886年以来最严重的；最后，强降水增多，最近20年是继20世纪50年代之后，长江和淮河流域洪水灾害高发期。[1]在气候变化的大背景下，近50年中国降水分布格局发生了明显变化，西部和华南地区降水增加，而华北和东北大部分地区降水减少。高温、干旱、强降水等极端气候事件有频率增加、强度增大的趋势。夏季高温热浪增多，局部地区特别是华北地区干旱加剧，南方地区强降水增多，西部地区雪灾发生的概率增加。据我国科学家的研究，目前全球各种极端天气事件大多已在中国出现过，中国未来的气候变暖趋势将进一步加剧；极端天气气候事件发生频率可能增加；降水分布不均现象更加明显，强降水事件发生频率增加；干旱区范围可能扩大。[2]2007年中国政府公布的《中国应对气候变化国家方案》明确指出："近50年，中国主要极端天气与气候事件的频率和强度出现了明显变化。华北和东北地区干旱趋重，长江中下游地区和东南地区洪涝加重。1990年以来，多数年份全国年降水量高于常年，出现南涝北旱的雨型，干旱和洪水灾害频繁发生……未来100年中国境内的极端天气与气候事件发

[1] 新华网哥本哈根12月12日电："中国专家称气候变化给中国发展带来严峻挑战"（http://news.qq.com/a/20091212/001587.htm）。

[2]《中国应对气候变化的政策与行动》，2008年10月，国务院新闻办公室（http://www.gov.cn/zwgk/2008-10/29/content_1134378.htm）。

生的频率可能性增大。”[1]

第二节　极端气候事件严重威胁国民生命财产安全

极端气候事件频发，给中国民众的生命、财产和生活质量造成重大损失。

一、洪涝灾害

中国是洪涝灾害频发的国家。近50年，我国洪涝灾害成灾面积逐渐增加，大洪涝灾害的发生频率不断增加，受灾农田面积波动上升，在空间上以长江和珠江流域为主，季节上集中在6—8月。特别是进入20世纪90年代以来，长江、珠江、松花江、淮河、太湖和黄河流域均发生多次大洪水。如1991年淮河大水、1994年和1996年洞庭湖水系大水、1995年鄱阳湖水系大水，1999年太湖流域发生超历史纪录洪水，2005年珠江发生特大洪水。1998年中国遭到罕见暴雨袭击，形成特大洪涝灾害。全国共有29个省区市遭受灾害，农田受灾面积2229万公顷，成灾面积1378公顷，受灾人口超过2亿，死亡4150人，房屋倒塌685万间，直接经济损失2551亿元。其中，江西、湖南、湖北、黑龙江、吉林等省受灾最重。[2] 据统计，20世纪90年代，洪涝灾害占我国整个自然灾害的62%，造成的损失占同期国内生产总值（GDP）的1.55%。[3]

二、干旱

近55年，海河流域、辽河流域、松花江流域、淮河流域和黄河流域

[1] 中国国家发展和改革委员会组织编制：《中国应对气候变化国家方案》，2007年（http://news.qq.com/a/20070604/002123.htm）。

[2] 中国水利部：《中国’98大洪水》，《中国水利》1999年第5期，第11—16页。

[3] 国家防汛抗旱总指挥部和中华人民共和国水利部：《中国水旱灾害公报2006》，中国水利水电出版社，2007年版。

干旱范围趋于扩大，西北诸河流域的干旱范围明显缩小，长江流域、珠江流域、西南和东南诸河流域的干旱面积没有明显的变化，各流域都有明显的阶段变化特征。我国北方近10年干旱灾害频繁发生，主要农业区的干旱范围明显扩大，尤其是北纬35~40度的长江以北至黄河流域一带是旱灾严重发生的主要地区。[1]我国目前有40%以上的人口生活在缺水地区，其中黄、淮、海地区及西北内陆等严重缺水区占35%，饮水安全是一个突出的问题。根据卫生和水利部门的调查，按照卫生部1984年制定的饮用水标准，我国农村饮用水符合标准的人口仅为66%，还有34%的农村人口饮用水达不到要求。根据水利部的初步摸底调查，全国尚有3亿多人口因水源、水质等因素而存在严重饮水安全问题。[2]

在气候变化的背景下，干旱的频繁发生加剧了我国饮用水供需的矛盾。如2000年大旱导致郑州缺水高达1.7亿立方米，受影响人口达204万；山东省36个县级以上城市出现供水危机，受影响人口达255万人。[3]在我国2001—2003年的连续干旱中，2001年，在重旱期间，我国天津、唐山、长春、大连、烟台、威海等北方大中城市被迫限时限量供水，人民生活受到严重影响。全国一度有3300多万农村人口因旱发生临时饮水困难；2002年，全国21个省、自治区和直辖市719座城镇因旱缺水，受影响人口3100万；2003年，湖南、江西等省旱情严重，全国2441万城乡人口发生饮水困难。2006年，我国四川和重庆地区遭遇百年不遇的高温大旱。四川省近450万人出现临时饮水困难，重庆486万人发生严重饮水困难。[4]2009年夏季的大旱导致693万人因旱发生饮水困难。[5]

---

[1] 邓振镛等：《干旱灾害对干旱气候变化的响应》，《冰川冻土》2007年第1期，第114—118页。

[2] 张建云等：《气候变化对中国水安全的影响研究》，《气候变化研究进展》2008年第5期，第290—295页。

[3] 张菊生：《对淮河流域2000年严重干旱的反思》，《治淮》2001年第5期，第4—6页。

[4] 秦大河总主编：《中国气候与环境：2012年》第二卷《影响与脆弱性》上册，第110—114页。

[5]《国家防总：北方地区旱情回升南方旱情发展迅速》，2009年8月28日，新华社（http://www.gov.cn/jrzg/2009-08/28/content_1403415.htm）。

三、沙尘暴

我国是沙尘暴易发的国家。近 50 年，我国北方沙尘暴天气总体呈下降趋势，但强与特强沙尘暴的发生有增加趋势。据统计，我国发生强沙尘暴的次数,50 年代为 5 次,60 年代为 8 次,70 年代为 13 次,80 年代为 14 次,90 年代为 23 次，呈明显上升趋势。[1]1983 年 4 月 26—28 日因强寒潮爆发，引起的特强沙尘暴天气过程不仅在三天时间内先后造成新疆吐鲁番盆地、南疆和田地区、青海柴达木盆地、甘肃平凉、宁夏黄河灌区、内蒙古伊克昭盟和陕北榆林地区的特强沙尘暴，还在以后几天中几乎扫过全国，造成我国华北、东北及江南一带的严重低温、冻害、暴雨和沿海的大风等多种灾害性天气，同时给各地生命财产造成了巨大损失。2002 年 3 月 20 日，中国北方遭遇多年罕见的特大沙尘暴天气，当时中国北方绝大部分地区都受到了沙尘暴的袭击，北京也遭受到严重的危害，这次特大沙尘暴对日本和韩国也造成了影响。如韩国 3 月 22 日有 7 个机场被迫关闭，3 月 21 日约有 70 个航班被迫取消。

沙尘暴的强度及造成的损失，以 90 年代最为突出。发生于 1993 年 5 月 5 日（“5・5”沙尘暴）和 1998 年 4 月 16 日（“4・16”沙尘暴）的特大强沙尘暴，为我国近 100 年所罕见，损失极其惨重。1993 年 5 月 5 日在河西地区出现了历史上罕见的特大沙尘暴，黑霾墙高 300~400 米，最高 700 米，锋面前移速度 50~60 千米 / 小时，最大 76 千米 / 小时，瞬时风速 20 米 / 秒以上，最大风速 34 米 / 秒，能见度 0~100 米。据统计，这场沙尘暴横扫西北三省区和内蒙古 72 个县的大约 110 平方千米，造成 85 人死亡,31 人失踪,200 多人受伤,500 多万亩农作物受灾,16 万亩林果严重遭灾,11 万株防护林及用材林被连根拔起和折断，丢失伤亡各类牲畜 6 万多头，由于供电设施受灾严重，造成 200 多家工业企业停产。大风引起的火灾 6 起，烧毁 164 间房屋及数台手扶拖拉机和 60 立方木材，有 59 户群众的家产全部被

[1] 申元村、杨勤业、景可、许炯心：《我国的沙暴、尘暴及其防治》，《科技导报》2000 年第 8 期，第 39 页。

焚。本次灾情总计造成直接经济损失2.36亿元。[1] 在全球变暖的背景下，强与特强沙尘暴可能成为我国今后主要的极端天气事件之一。

四、雪灾

2008年1月中旬到2月上旬，我国南方地区遭受低温雨雪冰冻极端天气袭击，人民生命财产损失惨重。此次灾害总体强度为50年一遇，其中贵州、湖南等地为百年一遇。雪灾导致如下严重后果。

第一，交通运输秩序受到严重破坏。京广、沪昆铁路因断电运输受阻，京珠高速公路等“五纵七横”干线近2万公里瘫痪，大约22万多公里普通公路交通受阻，14个机场关闭，造成几百万春节返乡旅客滞留车站、机场和铁路、公路沿线。

第二，电力设施损毁严重，雪灾导致电网大面积倒塔断线，13个省（区、市）输配电系统受到影响。170个市的供电被迫中断，湖南500千伏电网除湘北、湘西外基本停运，贵州电网500千伏主网基本瘫痪，西电东送通道中断。

第三，电煤供应紧张，由于电力中断和交通受阻，部分电厂电煤库存急剧下降。有些电厂库存不足3天，缺煤停机最多时达4200万千瓦，19个省（区、市）出现不同程度的拉闸限电。

第四，农业和林业遭受重创。农作物受灾面积1446.67公顷，绝收205.1万公顷。秋冬种油菜、蔬菜受灾面积分别占全国的57.8%和36.8%。森林受灾面积2266.7万公顷，种苗受灾16.2万公顷，损失67亿株。

第五，工业企业出现大面积停产。雪灾导致湖南83%的规模以上工业企业、江西90%的工业企业一度停产。

第六，人民群众的生活与生命安全受到严重威胁。此次雪灾波及20个省（区、市），受灾人数过亿。据民政部初步统计，此次灾害共造成

[1] 黄维、朱耘：《西北地区沙尘暴的危害及对策》，《干旱区资源与环境》1998年第3期，第84页。

129 人死亡，4 人失踪，房屋倒塌 48.5 万间，房屋受损 168.5 万间，直接经济损失 1516.5 亿元。[1] 由此直接推动物价上涨和其他社会不稳定因素的出现。

此次雪灾是一次典型的极端天气—气候事件，其主要特征是：第一，它是同期发生的亚洲冰雪灾害链中的一环，并且是最严重的一环；第二，降雪、冻雨和降雨 3 种天气并存，冻雨是南方致灾的主要原因；第三，灾害强度大；第四，持续时间长，打破历史纪录。[2]

五、台风

全球气候变暖不仅引发海平面上升，而且也会导致风暴潮、浪潮等海洋灾害强度和频度的逐步提高。近 20 年，中国沿海地区遭受的海洋灾害损失巨大，直接经济损失累计达 2326 亿元，几乎有一半年份受到的经济损失超过 100 亿元。

1989—2008 年间，我国沿海发生风暴潮的次数分别为 10、4、3、3、5、11、10、6、4、7、5、8、6、8、10、10、11、9、13、25 次，平均每年 8.45 次，呈现出近年来发生频率增加的趋势。1989—2007 年，风暴潮造成的经济损失每年高达几十亿元甚至上百亿元，导致 6000 多人死亡。占海洋灾害损失的绝大部分比例。由此可见，风暴潮灾害不仅居海洋灾害之首，而且已成为威胁我国沿海经济发展最严重的自然灾害之一。

[1] 张平：《国务院关于抗击低温雨雪冰冻灾害及灾后重建工作情况的报告——2008 年 4 月 22 日在第十一届全国人民代表大会常务委员会第二次会议》。

[2] 丁一汇等：《中国南方 2008 年 1 月罕见低温雨雪冰冻灾害发生的原因及其与气候变暖的关系》，《气象学报》2008 年第 5 期，第 808—825 页。

第六章　气候变化与中国主权安全

按照一般理解，主权，即国家主权，是国家最重要的属性，是国家固有的在国内的最高权力和在国际上的独立权力。由于这种权力不可分割和不可让与，不从属于外来的意志与干预。因此，主权在国内是最高的，在国际上是独立的。简言之，国家独立自主地处理自己的内外事务，管理自己国家的权力就是国家主权。国家领土主权的主要内容包括：第一，领土主权不可侵犯；第二，领土主权包括领土所有权；第三，领土自然资源的永久主权，即国家对领土自身的所有自然资源的勘探、开发、利用和管理享有完全排他的控制权、支配权、管辖权等权力。

气候变化导致全球气候治理不断强化，我国面临日益增大的国际国内压力，最后导致我国政府的自主选择空间日益受到挤压，政府的治理能力受到进一步挑战。

第一节　气候变化制约中国未来发展空间和潜力

气候变化加剧导致全球气候治理不断强化，对我国未来发展空间和潜力构成制约。

全球气候治理的强化源于全球气候意识的提升。联合国政府间气候变化专门委员会在提高全球对气候变化的关注程度方面发挥了至关重要的作用。

1979 年，第一次世界气候大会制订了世界气候计划及其四个子计划，即世界气候研究计划、世界气候影响计划、世界气候应用计划及世界气候资料计划，揭开了全球气候变化研究的序幕。1998 年，世界气象组织和联合国环境规划署联合成立了联合国政府间气候变化专门委员会（IPCC）。IPCC 下设三个工作组，对全世界范围内的现有的与气候变化有关的科学、技术、社会、经济方面的资料和研究成果做出评估。第一工作组评估气候与气候变化科学知识的现状；第二工作组评估气候变化对社会、经济的潜在影响及适应对策；第三工作组提出减缓气候变化的可能对策。同年，联合国第 43 届联大通过《为人类当代和后代保护全球气候》的决议，要求 IPCC 就五大问题进行综合审议并提出建议：第一，气候和气候变化科学知识的现状；第二，气候变化，包括全球变暖的社会、经济影响的研究和计划；第三，对推迟、限制或减缓气候变化影响可能采取的对策；第四，确定和加强有关气候问题的现有国际法规；第五，将来可能列入国际气候公约的内容。IPCC 集中了世界 100 多个国家的数千位科学家，在全面、客观、公开和透明的基础上，对世界上有关全球气候变化的最好的现有科学、技术和社会经济信息进行评估。2007 年，IPCC 已完成了第四次评估报告。IPCC 的系列评估报告代表了国际科学界对气候变化问题最权威、最全面的认识，是国际社会认识和了解气候变化问题的主要科学依据，已经成为气候变化决策者、专家、研究人员和学生的标准参考文献和国际气候谈判的重要依据。

在过去的 20 年中，IPCC 的四次评估报告对国际社会有关气候变化的认识和紧迫感产生了很大的推动作用。

1990 年，IPCC 发布了第一次评估报告，报告以综合、客观、开放和透明的方式评估了一系列与气候变化相关的科学问题，包括温室气体和气溶胶、辐射强迫、过程和模型、观测到的气候变率和变化以及观测数据体现的温室效应。第一次评估报告确信：人类活动产生的各种排放正在使大气中的温室气体浓度显著增加，这将增强温室效应，从而使地表升温。近百年来全球平均地面气温升高了 0.3℃ ~0.6℃。

1995 年，IPCC 发布了第二次评估报告，证实了第一次评估报告的结论。虽然定量表述人类活动对全球气候的影响能力仍有限，而且在一些关键因子方面存在不确定性，但越来越多的证据表明，当前出现的全球变暖“不太可能全部是自然界造成的”，人类活动已经对全球气候系统造成了“可以辨别”的影响。报告强调，大气中温室气体的浓度在继续增加，如果不对温室气体排放加以限制，到 2100 年全球气温将上升 1℃ ~3.5℃。在第二次评估报告中，气候变化的社会经济影响成为一个新的研究主题。

2001 年，IPCC 发布了第三次评估报告。报告强调：气候变化速度超过第二次评估报告的预测，气候变化不可避免。过去的 100 多年，尤其是近 50 年，人为温室气体排放在大气中的浓度超出了过去几十万年间的任何时间；有力的证据表明近 50 年观测到的大部分增暖可能归因于人类活动造成的温室气体浓度上升（66% 到 90% 的可能性）。在所有 IPCC 的 SRES 情景下预计全球平均气温和海平面将上升；气候变化将持续数百年；需要采取进一步的行动来弥补尚存的信息和认识上的空白。报告还第一次评估了气候变化与可持续发展之间的联系，认为气候变化将从经济、社会和环境三个方面对可持续发展产生重大影响，并影响贫困和公平等主要议题。

2007 年，IPCC 发布了第四次评估报告。这次评估报告的主要结论是：

——全球气候系统变暖是不争的事实。目前从全球平均气温和海洋温度升高、大范围积雪和冰融化、全球平均海平面逐渐上升的观测中可以看出气候系统变暖是明显的。最近 12 年中 (1995 年至 2006 年) 有 11 年位列最暖的 12 个年份之中 (1850 年以来)。从 1850 年至 1899 年及 2001 至 2005 年，气温升高总量为 0.76℃。20 世纪海平面上升的总估算值为 0.17 米。

——自 1750 年以来，人类活动的全球平均净影响是变暖因素之一。过去 50 年，大部分的全球平均变暖很可能是由于人为排放温室气体（GHG）增加所致。由于自 1750 年以来的人类活动影响，全球大气二氧化碳、甲烷和氧化亚氮浓度已明显增加，二氧化碳是最重要的人为温室气体。全球大气二氧化碳浓度已从工业化前的约 280ppm，增加到了 2005 年的 379ppm，1970 年至 2004 年期间全球温室气体年排放总量已经增长了 70%。

——沿用当前的气候变化减缓政策和相关的可持续发展做法，未来几十年内全球温室气体排放将继续增长。对于未来 20 年，根据一系列 SRES 排放情景，预估每十年温度升高大约 0.2℃。

——由于与各种气候过程和反馈有关的时间尺度，即使大幅度减少温室气体排放，以实现温室气体浓度的稳定，人为变暖和海平面上升仍会持续若干世纪。

——某些系统、行业和区域可能特别受到气候变化的影响。这些系统和行业包括一些生态系统 (苔原、北方森林、山脉、地中海型生态系统、红树林、盐沼、珊瑚礁和海冰生物群落)、低洼海岸带、中纬度一些干旱区域和热带干旱地区的水资源、依赖于雪冰融水的地区、低纬度地区的农业以及低适应能力地区的人类健康。这些区域包括北极、非洲、小岛屿以及亚洲和非洲的大三角洲地区。

——通过改变发展路径实现更可持续的发展，能够对减缓和适应气候变化以及降低脆弱性做出贡献。从长期来看，未减缓的气候变化可能超出自然系统、人工管理系统和人类系统的适应能力。[1]

IPCC 的科学评估报告的政策效应极强。IPCC 的第一次科学评估报告于 1990 年发布，具有里程碑意义的《联合国气候变化框架公约》即于 1992 年签署；第二次报告于 1995 年出台，1997 年就有了限制温室气体排放的《京都议定书》；第三次评估报告于 2001 年发布，《京都议定书》则于 2005 年正式生效。2007 年第四次评估报告完成，当年就达成了应对气候变化的“巴厘路线图”。

随着国际社会气候意识的逐步提高，全球应对气候变化的行动也逐步展开，全球气候治理的力度日益加大，对我国未来发展空间和潜力的约束日益明显。

1990 年在联合国框架下，国际气候变化谈判启动。1994 年生效的《联合国气候变化框架公约》及其 2005 年生效的《京都议定书》成为当今主要的国际气候机制。框架公约主要是一些原则性的规定，没有约束性条款，京都议定书则是人类历史上第一个用立法的方式限制国家排放二氧化碳等温室气体的国际条约，它规定发达国家 2008—2012 年应将温室气体的排放在 1990 年的基础上平均减少 5.2%。发展中国家也应采取国内减排行动。随着京都议定书第一承诺期的即将结束，建构 2012 年后国际气候制度的谈判正在紧锣密鼓地进行。当前，在以欧盟国家为代表的发达国家的推动下，在 1900 年水平基础上，全球气温上升不应该超过 2℃，2050 年全球温室气体排放减半的长期目标越来越成为主导性舆论。在 2009 年的哥本哈根协议中，升温 2℃已成为全球共识（协议甚至不排除升温控制在 1.5℃的可能性）。如果执行这一计划，即使届时按人均 CO_2 排放量相等计算，我国到 2050 年的 CO_2 排放量也要比 2005 年减少一半左右。我国从 1990 年到 2005 年 CO_2 排放量增加了一倍多，按目前经济社会发展目标和技术

[1] 联合国政府间气候变化专门委员会：《气候变化 2007——综合报告》，第 71—73 页；《气候变化 2007——自然科学基础》，第 2—5 页。

进步情景分析，2050 年的 CO_2 排放量至少要比 2005 年再增加一倍。[1] 由此可见，这实际上是以一种隐蔽的方式为中国等发展中国家规定了量化的减排义务，对我国未来的排放空间构成重大约束。

第二节　气候变化使中国自主选择空间受限

在开展应对气候变化的国际合作中，我们无法回避的一个事实是，由于多重因素的叠加，当前我国正面临越来越大的国际减排压力，[2] 自主选择空间受限。这些因素包括：

第一，虽然我国采取了一系列节能减排措施，但快速的经济增长和以煤炭为主的能源消费结构特点导致我国虽然历史累计和人均历史累计排放较低（见表 6–2），但二氧化碳排放总量大，增长迅速（见表 6–3），而且增长潜力巨大，面临着越来越大的国际减排压力。

表6–2　1850—2005年部分国家能源利用温室气体累积排放[3]

国别	累积排放量（百万吨CO_2）	占全球比重（%）	人均累积排放量（吨CO_2/人）
美国	328263.6	29.25	1107.1
英国	67776.8	6.04	1125.4
德国	79032.8	7.04	958.3
日本	42742.0	3.81	334.5
南非	12443.8	1.11	265.4
中国	92950.0	8.28	71.3
巴西	9112.3	0.81	48.8
印度	26008.1	2.32	23.8
俄罗斯	90327.2	8.05	631
欧盟+瑞士、挪威、冰岛	308425.3	27.48	542.5
世界	1122192.8	100	173.7

[1] 何建坤、刘滨、王宇：《全球应对气候变化对我国的挑战与对策》，《清华大学学报》（哲学社会科学版），2007 年第 5 期，第 77 页。

[2] 苏伟：《中国政府如何应对气候变化》，《绿叶》2008 年第 8 期，第 34—41 页。

[3] 数据来源：世界资源研究所（http://cait.wri.org）。

表6-3 部分国家化石能源燃烧温室气体排放量、占全球比重及增长率[1]

国家＼年份	温室气体排放量（百万吨）			世界占比（%）（2006年值推算）	2006年比1990年增长率（%）
	1990	2000	2005		
美国	4683.9	5695.2	5696.2	20.4	17.1
英国	552.6	626.0	536.0	1.9	–3.0
德国	951.2	826.9	824.0	2.9	–13.4
日本	1072.0	1191.9	1212.8	4.3	13.1
南非	254.2	298.8	342.2	1.2	34.5
中国	2213.6	3042.9	5686.8	20.3	156.9
巴西	192.9	303.1	333.2	1.2	72.8
印度	586.2	975.3	1254.1	4.5	113.9
俄罗斯	2180.0	1514.2	1587.5	5.7	–27.2
欧盟+瑞士、挪威、冰岛	4062.2	3839.1	3985.0	14.2	–1.9
世界	20997.0	23501.7	27974.1	100	33.2

表 6–3 显示，1990—2006 年，我国化石能源燃烧温室气体总量增长比例高达 156.9%，增速位居世界前列，目前已成为温室气体排放第一大国。其他一些数据表明，1970—1996 年，我国 CO_2 排放以每年 5.3% 的速度增长。在没有承担减排义务的发展中国家的温室气体排放量中，我国占三分之一以上，2004 年是排在第二位的印度的 4.3 倍，人均排放量的 3.6 倍。从 1990 年到 2000 年，我国 CO_2 排放量增加了 35%，美国增加了 17%，我国和美国 CO_2 排放的增长量分别占世界同期增长量的 30% 和 31%。[2]2000 年到 2004 年间，我国 CO_2 排放量增长了 58.9%，而美国仅增长 1.7%，我国和美国 CO_2 排放增长量分别占世界同期增长量的 56.9% 和 3.2%。[3] 在今后一段时期内，我国 CO_2 排放增长量都会超过发达国家的减排量，对世界 CO_2 排放量的增长产生至关重要的影响。据国际能源署的最新预计，在参考情景下，即各国现有的能源和气候政策不变，全球与能源有关的 CO_2 排放量会持续增长，一直到 2030 年。CO_2 的排放量从 2007 年的 288 亿吨

[1] 数据来源：世界资源研究所（http://cait.wri.org）。

[2] IEA:CO_2 Emission from Fuel Combustion,1971–2000,2002,Paris. 转引自何建坤、刘滨、王宇：《全球应对气候变化对我国的挑战与对策》，第 76 页。

[3] IEA 网络数据库（http://data.iea.org/ieastore/statslisting.Asp）。

增加到2030年的402亿吨，其中约110亿吨增量中的一半以上（60亿吨）来自于中国。[1] 从人均来看，我国人均 CO_2 排放低的优势也正迅速丧失。我国人均 CO_2 排放量一直较低,2000年为世界平均水平的60%。[2] 但随着我国能源消费的较快增长,人均 CO_2 排放低的优势正快速丧失。根据联合国的最新数据，1990年中国人均 CO_2 排放量为2.1吨，2000年为2.68吨，2004年为3.9吨(为世界平均水平的87%),但至2006年已增加到4.62吨，超过世界人均水平。[3]

第二，我国综合国力的大幅跃升使我国作为发展中国家的国际认同难度加大。既大又小、既富又贫、欲强还弱的状态使我国对自身作为发展中国家的定位更难得到广泛认同。世界对中国的期待和要求在迅速增加。

建国六十年来，特别是改革开放以来，我国建设获得巨大发展，国民经济综合实力实现由弱到强、由小到大的历史性巨变,综合国力明显增强,国际地位和影响力显著提高。

此外,近年来中国在科技、体育事业中取得的巨大发展也令世界瞩目。从2003年10月15日中国成功发射第一艘载人飞船“神舟”五号到2011年11月3日“天宫”一号与“神舟”八号飞船成功对接，中国也由此成为世界上第三个自主掌握空间交会对接技术的国家，标志着中国载人航天工程取得了历史性的突破，也标志着中国的科学技术取得重大进展，对世界震动很大。2008年，北京成功举办了第29届夏季奥运会，实现了中华民族的百年梦想，中国代表团取得了51枚金牌、100枚奖牌的优异成绩，第一次名列奥运会金牌榜首，创造了中国体育代表团参加奥运会以来最好成绩。奥运的成功举办大大强化了国际社会关于中国综合国力已经十分强大这一认知。

第三，美国奥巴马政府一改布什政府时期的气候变化政策，决心承担

---

[1] 国际能源署:《世界能源展望2009执行摘要》(http://www.worldenergyoutlook.org/docs/weo2009/WEO2009_es_chinese.pdf)。

[2] 国家统计局编:《中国统计年鉴》(2006)，中国统计出版社2006年版。

[3] 参见联合国统计司千年目标数据库(http://millenniumindicators.un.org/unsd/mdg/Data.aspx)。

量化减排的义务，使中国面临的国际压力增大。

中美是世界两大主要的能源消费国和温室气体排放国，是全球气候合作中的两大焦点。任何一方的行动都会对另一方产生影响。奥巴马上台以来，对布什政府时期的气候政策做出了重大调整，主要体现在：在国内，公布了新能源计划，大力开发清洁能源，并任命著名的能源专家朱棣文为能源部长；首次设定国家废气排放标准，宣布到2016年将把小轿车和卡车的排放量减少30%；2009年12月，美国环境保护署(EPA)已裁定把二氧化碳列入“对公众产生威胁”的污染物的行列；积极推动国会通过《清洁能源与安全法案》，美国众议院于2009年6月26日以219对212票，投票通过了美国《清洁能源与安全法案》。目前法案正在参议院审议。在国际上，奥巴马政府提出重返联合国气候变化谈判，担当领导角色，在共同但有区别的责任问题上做了一定妥协，承诺2020年比2005年减排温室气体17%，并同意2013—2020年与其他发达国家一起每年为发展中国家提供1000亿美元的资金援助。

奥巴马比其前任更加重视气候变化问题，主要原因在于：（一）气候变化对美国的经济、社会和安全的负面影响日益突显。2005年“卡特里娜”飓风造成上千美国人死亡，经济损失超千亿美元，极大地提升了美国民众对气候变化问题的关注。美国军方与情报机构近年来发表多份关于气候变化和国家安全的报告，确认气候变化已对美国国家安全构成威胁。（二）布什政府在气候变化问题上的僵硬立场严重损害了美国的国际形象和软实力。不少学者认为，布什在气候变化问题上的单边主义是除伊拉克战争之外对美国国际形象和软实力冲击最大的事件。（三）过度依赖海外石油危及美国能源安全。（四）关于气候变化不确定性的争议在美国明显减少。（五）奥巴马将应对气候变化和发展新能源作为美国经济新的增长点与战略支柱。（六）经过多年的技术研发和储备，美国向低碳经济转型的成本较十年前明显降低，美国主流企业对节能减排的兴趣和积极性大增。美国在调整其气候政策的同时，虽然力度还远远不够，但也对中国提出了明确要求，包括中国进一步加大减排力度并增加透明度，接受国际核查等。这使中国面对的国际压力增大。

第四，随着气候变化的影响日益明显，发展中国家内部的分化和分歧日益凸现，一些小岛屿国家和最不发达国家要求全球一致减排的呼声日益高涨，对我国的压力增大，维护发展中国家团结的难度加大。

2009 年 10 月 17 日，印度洋岛国马尔代夫首次在水下召开内阁会议。由总统纳希德主持，14 名内阁部长参加。他们戴上水下呼吸装置，潜入深约 6 米的海水中进行会议。马尔代夫此次召开水下内阁会议的目的是引起国际社会关注，提醒人们全球气候变暖对岛国造成的影响，告知人们低地岛国面临的危险和困境。

无独有偶，2009 年 11 月 4 日上午尼泊尔政府在其境内的珠穆朗玛峰地区海拔 5242 米的一处营地举行内阁会议，旨在呼吁全球关注气候变化对喜马拉雅山脉的影响。包括总理马达夫 · 库马尔 · 尼帕尔在内的 24 名尼泊尔内阁成员出席了这次非同寻常的“世界最高”内阁会议。内阁成员们均搭乘直升机抵达开会地点，他们身着防风防寒服装，携带氧气罐，以防缺氧造成不良反应。尼泊尔总理尼帕尔在会后举行的新闻发布会上说，珠穆朗玛峰是地球环境的标志，而气候变化对这一地区民众的生存、生态环境、社会经济发展等都造成了影响。这次内阁会议还通过了“2009 珠峰宣言”，呼吁世界，特别是发达国家在哥本哈根气候变化大会上关注气候变化给发展中国家带来的影响，帮助发展中国家应对气候变化。这些小岛屿国家和穷国对气候变化特别敏感和脆弱，期望全球采取最有力的减缓措施。虽然这些国家的主要矛头所向是发达国家，但毫无疑问，其中也包括了对排放大国的要求。对中国的这种压力随着时间的推移将越来越大。这一趋势在国际气候谈判中日益明显。正如苏伟所言：在国际气候谈判中，由于各个国家的发展水平、政治诉求、地理位置、自然条件、资源构成有很多差异，主张的要求、诉求、谈判目标、立场也大不相同，各方矛盾交错、利益互织。总体来看，主要可划分为发展中国家和发达国家两大阵营，以及欧盟、美国和以中国为代表的发展中国家这三股力量，并表现为诸多的矛盾:南北的矛盾，发达国家和发展中国家的矛盾，发达国家内部的矛盾，发展中国家的矛盾，以及所有的国家针对排放大国的矛盾。这些矛盾的现在指向是：不管发达国家还是发展中国家，只要排放得多，总量大，就会成为众矢之的。说到两大阵营之间的矛盾,焦点主要还在于历史责任问题、资金和技术转让的问题。而三股力量（欧盟、美国、中国），则主要围绕分担如何减排的义务，谁来减，减多少，什么时候减，怎么减。与此同时，发展中国家内部由于情况不同、地理位置不同、资源不同，应对气候变化的立场存有很大的差异，这使得中国借助发展中国家，维护自身利益的程度相应会受到一定的限制，而且承担着来自发展中国家内部的越来越大的压力。[1]

以上背景已使我国政府不得不承认并面对一个严酷的事实：世界将不再具备沿袭发达国家以高能源和高资源消费为支撑的现代化道路的国际环境，我国必须探索低碳发展的新型的现代化道路，这在世界大国的发展史上尚无先例。

一个明显的例子是，1999 年中国政府还明确强调，中国在 2049 年前将不会绝对量化减排，[2] 现在中央高层已不再提这一立场。近年来，将我国温室气体排放的峰值时间提前的声音鹊起。[3] 在 2009 年的哥本哈根协议中,中国也同意“我们应该合作起来,以加快实现全球和各国碳排放峰值”。更值得注意的是，中共十七大报告在党的纲领性文件中首次提出要“建设生态文明”和“加强应对气候变化能力建设”，显示中国政府正在将应对气候变化纳入国家发展战略之中。2009 年 6 月国家应对气候变化领导小组暨国务院节能减排工作领导小组会议决定，把应对气候变化、降低二氧

[1] 苏伟,《中国如何应对气候变化》,《绿叶》2008 年第 8 期，第 35—36 页。

[2] “中国代表团团长刘江部长于 1999 年在气候变化公约第五届缔约方会议上的发言”，http://www.ccchina.gov.cn/cn/NewsInfo.asp?NewsId=3876。

[3] 参见胡鞍钢:《通向哥本哈根之路的全球减排路线图》,《当代亚太》2008 年第 6 期，第 22—38 页；Jonathan Watts, Chinese government adviser warns that 2C global warming target is unrealistic, Wednesday 16 September 2009，ttp://www.guardian.co.uk/environment/2009/sep/16/china-two-degree-rise。

化碳排放强度纳入国民经济和社会发展规划，采取法律、经济、科技的综合措施，全面推进应对气候变化的各项工作，为国际社会合作解决气候变化问题做出积极贡献。[1]

2009 年 11 月，在哥本哈根会议前夕，中国政府又公布了一个雄心勃勃的减排计划——2020 年将在 2005 年基础上降低单位 GDP 碳强度 40%~45%。这些事实表明，在全球气候治理不断加强的背景下，应对气候变化已对我国的政策选择构成重大约束。

此外，气候变化导致的极端气候事件频发正在挑战中国政府的治理能力和政局稳定。在 2008 年罕见的南方雪冻灾面前，由于一些地方面对需要解决的问题，缺乏相应的条件尽快改善被动的局面，加之有关决策指挥机构没有估计到会发生这么大的雪、冻灾害，有些措手不及，未能及早采取有力的防护、调配、加固、储备、疏散转移等有效的应急措施，政府的治理能力和威信一度备受质疑。在广州火车站，大量返乡人群聚集，气氛紧张，秩序一旦失控，后果不堪设想。地方政府紧张万分。[2] 而台湾当局因“8 · 8 水灾”救灾不力，2009 年 9 月 7 日，台“行政院长”刘兆玄率下属辞职，一时间造成台湾政局动荡。这对大陆也是一个警讯：面对日益增多的极端气候事件，如果应对不当，将对政局稳定造成影响。

[1] 新华社消息：“温家宝总理主持会议研究部署应对气候变化加强节能减排工作”，2009 年 6 月 5 日。
[2] 章沁生：《2008 抗击南方雨雪冰冻灾害》，《解放军报》2009 年 1 月 4 日第 8 版。

第七章　气候变化与重大工程建设运营安全

初步研究表明，气候变化对我国的一些重大国防和战略性工程，如青藏铁路、西气东输工程、中俄输油管线工程、三北防护林工程以及三峡工程和南水北调工程的负面影响日益凸显。

第一节　气候变化与青藏铁路

2006年7月1日，世界上海拔最高的青藏铁路全线建成通车。青藏铁路不是一般的民用交通设施，而是重大的国防和战略工程。

青藏铁路格尔木至拉萨段，全长1138公里，其中多年冻土[1]区长度为632公里，大片连续多年冻土区长度约550公里，岛状不连续多年冻土区长度82公里，全线海拔4000米以上地段长度约为965公里。在冻土区筑路遇到的主要问题是冻胀和融沉。过去几十年来，由于冻胀和融沉破坏，青藏公路、东北冻土区铁路破坏率在30%以上，青藏公路已经进行了多次全线性大规模的整修。[2]青藏高原多年冻土大多为高温、高含冰量冻土，年平均地温高于–1℃。青藏铁路高温冻土路段长约275公里，高含冰量冻土路段长约231公里。其中高温高含冰量重叠路段约134公里。[3]高温高含冰量冻土极易受工程和气候变化的影响而产生融化下沉。

青藏铁路建成后，气候变化对青藏铁路工程安全运行的影响引起普遍关注。冻土是气候变化的灵敏感应器，气候变化将引起冻土地区环境和冻土工程特性的显著变化，引起多年冻土热状态和空间分布变化。气候变化对冻土的直接影响表现为活动层厚度增加，地下冰融化，多年冻土温度升高、多年冻土退化等。而这些变化会直接影响青藏铁路路基的稳定性，进而影响青藏铁路的安全运营。

在气候变化的影响下，青藏高原多年冻土温度呈现出升温趋势。从20世纪70年代至90年代，多年冻土年平均地温升高0.1℃~0.3℃，年平

[1] 冻土是指温度在零度或零度以下含有冰的各种岩土，依据冻土存在时间一般可分为多年冻土（两年以上）、季节冻土（半月至数月）和短时冻土（数小时至半月）。

[2] 吴青柏、刘永智、施斌、张建明等：《青藏公路多年冻土区冻土工程研究新进展》，《工程地质学报》2002年第1期，第55—61页；王绍令、赵秀锋：《青藏公路南段岛状冻土区内冻土环境变化》，《冰川冻土》1997年第3期，第231—238页。

[3] 吴青柏、程国栋、马巍：《多年冻土变化队青藏铁路工程的影响》，《中国科学》D辑，2003年总第33期，第115—122页。

均地温为 0℃ ~0.5℃的高温多年冻土正在快速升温并且变薄。[1] 伴随着多年冻土温度的上升，活动层厚度也在增加。1995—2004 年近 10 年青藏高原低温冻土区活动层厚度年增量为 3.1 厘米 / 年，高温多年冻土区活动层厚度增量为 8.43 厘米 / 年。[2]

青藏铁路沿线气候变暖较为显著。40 年来，气温升高在 1℃以上，地面温度（除沱沱河）升高 1.1℃ ~1.5℃。[3] 据预估，至 2050 年，青藏高原的气温可能上升 2.2℃ ~2.6℃。[4] 如果 50 年气温升高 1℃ ~2℃后，年平均地温高于 –0.5℃多年冻土将退化为季节冻土，多年冻土融区范围将由原来的 102 平方公里扩大到 302 平方公里。[5] 根据多年冻土年平均地温与变形速率间的关系，路基变形随年平均地温升高而增大。如果 50 年气温升高 1℃，那么年平均地温高于 –0.5℃多年冻土区的路基在 50 年内产生的沉降变形将达到 30 厘米。[6]

由此可见，青藏铁路沿线气温的持续升高和多年冻土温度的不断上升已造成青藏铁路沿线多年冻土普遍退化，导致青藏铁路一般路基的稳定性受到不利影响。这种影响随着未来的气候变暖将越来越大，严重威胁青藏铁路的安全运营。[7]

第二节　气候变化与西气东输工程

西气东输工程是国家“十五”重点工程之一，管道工程总投资 1400 亿元，是中国西部大开发的标志性工程，与三峡大坝、南水北调并称为

---

[1] Jin Hunjun,et al, Chinese Grocryology at the Turn of the Twentieth Century, Permafrost Periglacial Processes, 2000, 11(1), pp.23–33.

[2] 吴青柏等 :《青藏高原多年冻土监测及近期变化》,《气候变化研究进展》2005 年第 1 期，第 26—28 页。

[3] 李栋梁等 :《青藏高原及铁路沿线地表温度变化趋势预测》,《高原气象》2005 年第 5 期，第 685—693 页。

[4] 秦大河总主编 :《中国西部环境演变评估综合报告》，科学出版社 2002 年版，第 23 页。

[5] 吴青柏等 :《多年冻土变化对青藏铁路工程的影响》,《中国科学》D 辑 2003 年总第 33 期，第 115—122 页。

[6] 张建明等 :《青藏铁路冻土路基沉降变形预测》,《中国铁道科学》2007 年第 3 期，第 12—17 页。

[7] 秦大河等总主编，陈宜瑜主编 :《中国气候与环境演变》下卷——《气候与环境变化的影响与适应、减缓对策》，科学出版社 2005 年版，第 306 页。

21世纪中国“三大建设工程”,是中国目前距离最长、管径最大、投资最多、输气量最大、施工条件最复杂的天然气管道。它以新疆塔里木为主气源地，以长江三角洲为目标市场。管道西起新疆塔里木轮南，东至上海市西郊白鹤镇，途经新疆、甘肃、宁夏、陕西、山西、河南、安徽、江苏和上海市等9个省（区）市，全长4000千米，管径1016毫米，设计年最大供气量200亿立方米/年。

2002年7月4日，西气东输开工典礼仪式在北京隆重举行。2004年8月西气东输工程管道全线贯通。胡锦涛在贺信中指出，西气东输工程的建成，开通了我国横贯东西的一条能源大动脉，对于推进西部大开发、加快中西部地区发展、造福新疆及沿线各族群众，对于推进产业结构调整和能源结构优化、保障国家能源安全,必将发挥重大作用。2004年12月1日，我国最大的整装气田克拉2气田向西气东输管道供气，12月30日，西气东输全线实现商业运营供气，2005年8月3日，塔里木油田的天然气在供应东部沿海地区的同时，通过陕京二线向首都北京供气。西气东输工程举世瞩目,是贯彻落实党中央西部大开发战略的重要举措。实施西气东输工程将为我国发展清洁能源、调整能源结构、拉动相关行业的发展，对促进我国东西部融合、缩短东西部差距、提升我国整体经济发展水平具有极其重要的意义。

西气东输工程是一项巨型的线型工程，工程主要形式是浅埋的输气管道，沿线地面上还布设有升压井、清管井和分输站。输气管道内径1016毫米，埋置深度2米左右。管道工程经过戈壁沙漠、黄土高原、太行山脉，穿越黄河、淮河、长江，地质条件复杂。气候变化引起温度、降水、风速和风力的变化，对西气东输工程安全产生影响。具体而言：

第一，气候变化引起温度、降水变化，导致下垫面生态环境改变，威胁管道安全。近10年，由于全球气候变化，导致西气东输新疆段管道沿线深层地温增加，冻深变薄，而低温增加、冻土层厚度等下垫面生态环境要素将影响西气东输管道的安全。[1] 生态系统退化导致土壤质量下降，风沙危害加剧，不仅会影响到区域的生态安全，同时直接威胁输气管道的安全。西气东输线路的西北段分布有新疆库木塔的活动性沙垄，武威—靖边段的腾格里沙漠南缘和毛素乌沙漠南缘的活动沙丘。库木塔沙垄呈南北向分布，宽约 11 公里，高达 30 厘米，运动性极强，移动方向与管道垂直。如果管道覆土被风吹走，就会造成管道裸露悬空。若超过管道挠曲强度，管道就会发生折断。

第二，气候变化引起暴雨频率和强度增加，造成洪水及次生灾害发生频率、强度增强，威胁西气东输管道运行安全。西气东输管道输送的天然气是高压力（10MPa）易燃易爆物品，输气管道和工艺站场在运行过程中，在洪水的冲击下，会发生两种情形：其一是洪水直接冲击河谷或河道，使管道暴露破裂；其二是洪水冲淘坡脚引发坡体不稳或滑坡，造成管道破裂。可能发生的最严重的事故是管道破裂后短时间大量天然气体的泄漏聚集，遇明火发生燃烧和爆炸，其爆炸冲击波和燃烧热辐射最大危害距离可达 1.5 公里。以陕京线为例，1998 年，7 月 31 日陕西富谷县降大雨，新城川暴发山洪，洪水夹带泥石，冲刷陕京管道穿越段河床，冲毁穿越管道上部混凝土加重层，造成管道裸露开裂。2003 年 12 月 23 日重庆开县发生天然气井喷，造成 243 人死于天然气中毒。[2]

第三，气候变化引发的其他环境变化，如地面塌陷、水土流失、河道泥沙等都将威胁西气东输管道的安全。西气东输工程东西跨度大，可以分为西区、中区和东区三部分。各区受到气候变化的影响不一，给管线的安全运行带来很大的不确定性。

西区段行政区划归新疆、甘肃、宁夏和陕西 4 省区管辖，管线长约 2370 公里，该区段大部分处于青藏高原北侧我国大地形地貌单元第二阶

---

[1] 丘君、陈利项等：《施工干扰下的生态系统稳定性评价——以西气东输工程沿线新疆干旱荒漠区为例》，《干旱区地理》2006 年第 4 期，第 316—322 页。

[2] 高启晨、陈利项等：《西气东输工程沿线陕西段洪水风险评价》，《自然灾害学报》2004 年第 5 期，第 75—79 页。

梯的西段，包括塔里木盆地、天山和北山山地、河西走廊、银川平原和额尔多斯高原。气候变化背景下，该区如风速加大，温差增大，地表风化加剧，给埋藏在地下的管线安全带来很大压力。

中区段行政上归陕西、山西和河南三省管辖，管线长约550公里。跨越我国大地形地貌单元第二阶段东段的黄土高原和山西山地，海拔标高430~1700公里，属温带半干旱和半干旱—半湿润大陆性气候，年平均降水量300~600毫米，降水年内分配不均，雨汛期往往降大到暴雨，水土流失严重。气候变化情景下，若该区域降水增多，引起黄土湿陷，可使管道产生不均匀沉降变形，过大的湿陷变形过程中所产生的负摩擦作用可能导致输气管道弯曲变形、裸露、悬空，甚至折断。

东区段行政上归河南、安徽、江苏和上海4省市管辖，管线长约930公里，跨越了我国大地形地貌单元第三阶段的黄淮海平原、皖苏丘陵平原和长江三角洲，属暖温带半湿润和亚热带湿润季风气候，降水充沛、年均降水量700~1200毫米。水系发育，管线跨越地段河网和湖泊密布，雨汛期洪涝灾害时有发生，该区洪涝灾害事件在气候变化背景下有增多趋势，威胁管线埋藏安全等。[1]

第三节　气候变化与中俄输油管线工程

2008年10月28日，中俄两国在莫斯科举行了中俄总理第十三次定期会晤，双方签署有关建设“斯科沃罗季诺至中国边境石油管道”(ESPO中国支线)的协议。根据备忘录，中国将向俄罗斯石油公司和石油管道运输公司分别提供150亿美元和100亿美元贷款，建设俄东线石油管道中国支线。未来20年内，俄罗斯每年向中国提供1500万吨石油。

该管道俄罗斯境内段已于2009年4月27日开工，中国境内段将于5月中旬启动，计划2009年10月竣工通油。项目建成后，俄方将在20年

[1] 谭蓉蓉：《“西气东输”工程累计外输天然气300亿立方米》，《天然气工业》2008年第2期，第22页。

内每年向中国输出1500万吨原油。2009年11月13日国务院总理温家宝与俄罗斯总理普京在北京举行中俄总理第十四次定期会晤，决定落实好中俄在石油领域合作的政府间协议，深化石油领域上下游一体化合作，确保中俄原油管道2010年年底前全线贯通并于2011年起稳定供油。中俄石油管道的建设，符合中国能源进口多元化和俄罗斯能源出口多元化的战略目标，标志着两国能源合作的重大突破，已经远远超出了简单的经济与地理因素，具有重要的地缘政治和经济意义。

中国—俄罗斯输油管道工程规划全长1035公里，其中中国境内管段965公里，俄罗斯境内管段70公里。管道自俄罗斯境内的斯科沃罗季诺经加林达入境中国，经兴安、塔河、新林、加格达奇、大杨树至大庆林源站，穿越黑龙江和内蒙古两个省区。

中俄输油管道采用常温密闭输送工艺，管道输油能力3000×104吨/年，管道工程设计寿命为50年。管道将穿越东北北部的大、小兴安岭和嫩江河谷大约500公里的多年冻土区和465公里的季节冻土区。管线沿途地势起伏、水系、森林和沼泽发育，冻土工程地质条件复杂，多年冻土和生态环境的变化及其对管道基础的差异性冻胀和融沉等冻害问题对管道的设计、施工及今后的运营等造成严重的影响。

近百年来，我国东北部升温过程大体可分为三个阶段：20世纪初至40—50年代气温程序上升；50—70年代在平均水平波动；从20世纪70年代后期开始，我国东北地区气温持续升高，尤其是20世纪最后10年升温更为突出，比1961—1971年10年气温升高0.9℃~2.2℃。大兴安岭地区是增温最显著的地区之一。[1]在由中国气候中心提供的CMI模式计算的B1情景下，东北地区未来50年的气温变化基本上呈线性变化趋势，50年后增温在1.4℃左右。[2]

受气候变化和人类活动的影响，中俄输油管线沿线冻土变化明显。多

[1] Wei Z,Jin HJ,etal.,Prediction on Changes.

[2] 秦大河总主编：《中国气候与环境：2012年》第二卷《影响与脆弱性》上册，第525页。

年冻土南界近30~40年向北移约50~120公里。近30年，最大季节冻深变浅，尤其是在多年冻土南界附近，最大季节冻深减少了40~80厘米。多年冻土厚度变薄。过去12年内阿尔木地区多年冻土厚度减薄了5米。[1] 而厚度薄的多年冻土逐渐融化，形成融区。

中俄输油管道沿线广泛分布着厚层地下冰甚至较厚的纯冰层，厚层地下冰是造成热融沉陷、热融滑塌、热融湖塘和油管差异性融沉和冻胀的根本原因。尤其是上限附近的厚层冰严重威胁管道运行的安全和稳定。此外，管道沿线发育有冻胀丘、冰锥和冰幔等不良冻土现象。冻胀丘、冰锥和冰幔在形成过程中，可使管道不均匀抬升降起，而融化后导致管道翘曲变形，对管线工程的稳定性造成极大影响。

总之，由于气候变化和人为因素的影响，地下冰层融化不仅引起地表沉陷，而且会形成次生不良冻土灾害，不断影响管线工程的稳定性。[2]

第四节　气候变化与三北防护林

我国的西北、华北和东北地区，是中华民族重要的发祥地之一，但历史的更迭也使这一地区生态系统严重失衡，生态环境日益恶化，成为我国生态最脆弱的地区。

三北地区分布着我国四大沙地、八大沙漠以及大面积戈壁，总面积达158万平方公里。

20世纪70年代，三北地区每年沙漠化土地面积以15.6万公顷在增加，年风沙日数高达80天以上，形成了从新疆到黑龙江绵延万里的风沙线，流动沙丘严重危害着213个县（旗）的2亿多亩农田和牧场。三北地区水土流失面积达55.4万平方公里；每年冲走氮磷钾肥2800万吨，每年流入

[1] 金会军、王绍令等：《中俄管道（漠河—乌尔其段）多年冻土环境工程地质区划和评价》,《水文地质工程地质》2009年第4期。

[2] 李国玉、金会军等：《中国—俄罗斯原油管道漠河—大庆段冻土工程地质考察与研究进展》,《冰川冻土》2008年第1期，第170—175页。

黄河的泥沙达16亿吨，黄河泥沙的80%来自这一区域。[1]严重的风沙危害和水土流失，不仅严重制约着三北地区的经济社会发展，也严重威胁着人民群众的生命财产安全。改善我国生态环境、维护国家生态安全，三北地区最关键、最重要、最艰巨。因此，构建以三北防护林为主体的北方绿色生态屏障，对切实解决我国面临的主要生态问题，维护生态安全具有十分重大的战略意义。[2]

1978年中国政府从中华民族生存和发展的长远大计出发，做出了建设三北防护林体系的重大战略决策：决定从1978年起，用73年时间，在横跨中国西北、华北、东北4480公里的风沙带建设防护林体系工程，并将其列为国民经济和社会发展的重点基础建设项目，切实加强和推进。这项工程启动后立即引起了世界的关注，被誉为中国的“绿色长城”。

三北防护林工程建设范围涉及三北地区的13个省（区、市）的590个县（旗、市、区），总面积405.39万平方公里，占国土面积的42.2%。按照总体规划，工程建设自1978年开始至2050年结束，分三个阶段八期工程进行，其中1978年至2000年为第一阶段，2001年至2020年为第二阶段，2021年至2050年为第三阶段。第一阶段已经实施了三期工程，从2001起进入第二阶段，实施第四期工程。当前，三北四期工程即将结束，五期工程即将启动。

通过30年的建设，三北工程累计完成造林保存面积近2667万公顷，工程区森林覆盖率提高近5个百分点，取得了一系列举世瞩目的成就：

——遏制了风沙侵害，减轻了水土流失。陕、甘、宁、内蒙古、晋、冀等6省（区）在全国率先实现了从“沙逼人退”到“人逼沙退”的历史性转变；重点治理的毛乌素、科尔沁两大沙地率先实现了根本性逆转，林木覆盖率分别达15.88%和22.75%，开始进入综合治理、改造利用沙地的

[1] 国家林业局：“沧桑巨变看“三北”——三北防护林体系建设30周年成就综述”，http://www.forestry.gov.cn/guoqing/Default2.aspx?id=70。

[2] 国家林业局副局长祝列克：“《意见》对构建北方绿色生态屏障、维护国家生态安全具有战略意义”，http://www.tnforestry.cn/610/show.php?itemid=37。

新阶段。30年治理水土流失面积20多万平方公里，年入黄泥沙减少3亿多吨。

——保障了粮食生产，实现了产业发展。坚持以保障粮食生产安全为目标，营造农田防护林223万公顷，有效庇护农田1923万公顷，平原农区实现了农田林网化。三北地区的粮食单产由1985年的亩产125公斤，提高到2005年的亩产309公斤，总产由0.6亿吨提高到1.6亿吨。2005年全国产粮“十强县”全部是三北工程农田防护林体系建设的达标县。[1]

——增强森林碳汇功能，提高应对气候变化能力。以三北防护林为主体，到2008年年底，全国人工林保存面积0.62亿公顷，蓄积19.61亿立方米。我国人工林面积继续保持世界首位。[2] 据专家估算，1980—2005年中国造林活动累计净吸收约30.6亿吨二氧化碳，森林管理累计净吸收16.2亿吨二氧化碳，减少毁林排放4.3亿吨二氧化碳。[3]

气候与植被之间存在密切的相互作用关系。在植物生态学中，气候被认为是控制植被类型地理分布的最重要的因子。而植被对气候的适应性和植被对于气候的反馈作用则是气候与植被相互作用的集中表现。气候变化对森林生态系统的影响主要表现在森林生态系统的结构、组成和分布以及森林植被物候方面；同时，气候变化对森林生产力和碳循环功能产生一定影响，并导致生态系统生物多样性减少、许多珍贵的森林树种丧失。此外，极端气候事件的发生强度和频率增加，将增加森林灾害发生的频率和强度。[4]

气候变化对三北防护林工程运行的影响主要表现在：

第一，气候变化影响三北防护林所在区域植被分布，森林生态系统结

[1] 国家林业局：“沧桑巨变看“三北”——三北防护林体系建设30周年成就综述”（http://www.forestry.gov.cn/guoqing/Default2.aspx?id=70）。

[2] 祝列克：“中国林业在应对气候变化中的贡献”，（祝局长出席气候变化公约缔约方第15届大会林业新闻发布会材料之一）（http://www.tnforestry.cn/103/show.php?itemid=744）。

[3] 中国国家发展和改革委员会组织编制：《中国应对气候变化国家方案》，2007年（http://news.qq.com/a/20070604/002123.htm）。

[4] 秦大河总主编：《中国气候与环境演变：2012》第二卷，第333页。

构物种改变。

有关研究显示，未来气候变化可能导致我国森林植被带的北移，尤其是北方的落叶针叶林的面积可能大幅减少，甚至移出国境，华北地区和东北辽河流域未来可能草原化，西部沙漠和草原可能退缩，相应被草原和灌丛取代，高寒草甸的分布略有缩小，将可能被萨瓦纳和常绿针叶林取代。[1] 气候变化对不同森林类型的影响是不同的，但温带森林是受人类活动干扰最大的森林，地球现存的温带森林几乎都成片断化分布，同时由于在未来的气候变化情景下，中高纬度地区的增温幅度远比低纬度地区的增温幅度大，因此，未来气候变化对温带森林的影响是非常巨大的。[2]

第二，气候变化情景下，三北防护林单一的林种脆弱性较大。

森林生态系统的结构越复杂、组成越丰富，则生态系统的稳定性越好，抗干扰能力越强。我国的三北防护林处于中高纬度，气候变化对该区域影响巨大。但是三北防护林工程开展中出现造林树种比较单一，树种结构不尽合理等情况普遍存在。以黑龙江省为例，2002 年营造的纯林面积占当年总造林面积的 95.1%，营造纯林给林业的生产和经营带来诸多便利条件，但对保护生态环境和森林资源、病虫害预防和防治、森林防火等不利。从树种结构来看，杨树仍然是三北造林的主栽树种。2002 年杨树占当年造林总面积的 62.9%。单一的树种不但会对森林的病虫害防治带来挑战，也无法满足未来木材市场的多功能需求。[3]

---

[1] 赵茂盛、RonaldP.N. 等：《气候变化对中国植被可能影响的模拟》，《地理学报》2002 年第 1 期，第 28—38 页。

[2] 刘国华、傅伯杰：《全球气候变化对森林生态系统的影响》，《自然资源学报》2001 年第 1 期，第 71—78 页。

[3] 艾力雄、刘文忠：《加强三北防护林建设，防护林建设实现可持续发展目标》，《林业科技》2007 年第 10 期，第 90—91 页。

第八章　气候变化与中国国防安全

在气候变化的背景下，近年来我国极端天气气候事件增多，对我军人员、装备和设施安全、武器装备都形成了制约，也增加了部队抢险救灾的任务。气候变化引起的海平面持续上升也影响我军的部署和战场建设，甚至有可能引发我国与邻国的紧张局势。

气候问题对我国核电站的运行安全也构成了不容忽视的影响。我国的核电站大多位于沿海地带，因气候变化导致的极端气候事件的增多和强度的增加，也会对我国核电站的安全运行构成极大的威胁。

第一节　气候变化制约我军战斗力的形成和提高

气候变化正日益成为我军部队战斗力形成和提高的一个制约因素，具体而言：

第一，在气候变化的背景下，近年来我国极端天气气候事件增多，对我军人员、装备和设施安全构成威胁。

2005年的一场特大暴雨造成我军重大人员伤亡。2005年10月2日，受第19号台风影响，福州地区突降特大暴雨，傍晚造成山洪暴发，武警福建省总队直属的福州指挥学校新学员训练大队遭受特大山洪袭击，部队驻用的两幢民房被冲毁，部分学员被山洪冲走。解放军总部机关、武警总部工作组和福建省领导，组织指挥近10万人次的搜救队伍，动用直升机、船艇、冲锋舟和潜水员等多种手段对失踪人员进行全力搜救，在被洪水冲走的142人中，有57人获救脱险，85人遇难。在执行救援任务中，1名武警支队政委牺牲。[1]

1996年4月，我国花巨资购买的数架苏–27先进战机进驻广东遂溪空军基地。1996年9月9日，9615号台风突然袭击了广东遂溪空军基地所在的雷州半岛，这场台风的风速在50米/秒以上，相当于15级台风，遂溪基地为苏–27建造的机库尚未完全完工，若干架停放在露天的苏–27战机不同程度受损。[2]

第二，极端天气事件频率增加，恶劣的天气使部队的作战训练难以正常展开。1989—2008年间，我国沿海发生风暴潮的次数分别为10、4、3、3、5、11、10、6、4、7、5、8、6、8、10、10、11、9、13、25次，平均每年8.45次，呈现出近年来发生频率增加的趋势。恶劣的天气必然影响部队的正常作战训练，特别是空军和海军的训练，制约部队战斗力的形成。

[1] 新华网北京2005年11月13日电："武警遭山洪袭击 国务院、中央军委严肃处理责任人"（http://news.sohu.com/20051113/n227480469.shtml）。

[2]《中国空军》1996年第6期。

第三，极端气候事件增加使部队抢险救灾的任务更加繁重，对部队的作战训练造成影响，对部队的任务和能力提出了新的要求。

为抗击1998年的长江特大洪水，人民解放军和武警部队先后调动66个师、旅和武警总队共27.4万兵力。截至1998年8月23日，解放军、武警部队已投入兵力433.22万人次，组织民兵预备役部队500多万人，动用车辆23.68万台次、舟艇3.75万艘次、飞机和直升机1289架次。广州、南京、济南、沈阳、北京军区和海军、空军、第二炮兵、武警部队等单位的主要军政领导和110多名将军亲临一线指挥，高建成等多名军人牺牲。[1]

在2008年的南方冰雪灾害中，广州军区先后6次下达命令，出动近十万官兵和上百万民兵预备役人员参与救灾，40多名军以上领导、340多名师职干部在一线指挥。[2]截至2008年1月31日，全军和武警部队参加抗雪救灾累计出动官兵已达20.7万人次、民兵预备役人员59.4万人次。4架正在西北和中原地区执行军事任务的伊尔-76型军用运输机，1月30日夜接到了解放军总参谋部的命令，临时终止了正在执行的军事任务，紧急飞抵位于西安咸阳和山西长治等地的机场装运救灾棉衣、棉被等物资。[3]

在此背景下，2008年我国的国防白皮书第一次将自然灾害列为对中国国家安全的威胁，并提出军队应具备履行多样化军事任务的能力。白皮书指出，在全球安全方面，“恐怖主义、环境灾难、气候变化、严重疫病、跨国犯罪、海盗等问题日益突出”。在中国面临的安全方面，“中国仍面临长期、复杂、多元的安全威胁与挑战。生存安全与发展安全、传统安全威胁与非传统安全威胁、国内安全问题与国际安全问题交织互动。恐怖主义、自然灾害、经济安全、信息安全等非传统安全问题的危害上升。”因此，中国应“着力提高军队应对多种安全威胁、完成多样化军事任务的能力。着眼全面履行新世纪新阶段军队历史使命，以增强打赢信息化条件下

[1]《关于当前全国抗洪抢险情况的报告——1998年8月26日在第九届全国人民代表大会常务委员会第四次会议上》（http://www.gmw.cn/01gmrb/1998-08/27/GB/17797^GM2-2712.html）。

[2] 章沁生：《2008抗击南方雨雪冰冻灾害》，《解放军报》2009年1月4日第8版。

[3] 董强：《全军增派4.5万人救灾 记者走进部队调度指挥中心》，《解放军报》2008年1月31日。

局部战争的能力为核心，提高维护海洋、太空、电磁空间安全和遂行反恐维稳、应急救援、国际维和任务的能力”。[1]

第四，气候变化影响我军武器装备效能的发挥。我国西北部地区的一些导弹基地位于冻土地带，气候变化加剧了冻土地带的冻胀和融沉，对我军导弹的固定发射阵地造成影响，进而影响我国导弹的命中精度。[2]

第五，气候变化引起的海平面持续上升，使我国一些具有军事价值的岛屿受到威胁，影响我军的部署和战场建设。海平面上升导致风暴潮的严重程度增加，我国沿海的军港和机场可能受到更大的影响。

第六，气候变化可能引发我国与邻国的紧张局势，甚至局部冲突，增加军事冲突的可能性。

气候变化可能导致南亚地区水资源短缺和人口大规模迁移，引发印巴关系、中印关系、中孟关系的紧张。美国国家情报委员会 2008 年发布的著名报告《全球趋势 2025：转型的世界》预测：“气候变化不可能引发国家间战争，但可导致国家间相互指责升级，乃至酿成小规模武装冲突。随着几个地区水资源日益稀少，国家内部和国家间在水资源方面的合作可能越来越困难，从而造成地区紧张关系。这些地区包括喜马拉雅地区（为中国、巴基斯坦、印度和孟加拉国几大河流提供水源）。”[3]

据悉，我国军方曾对气候变化对我国国防建设的影响做过评估，具体内容尚未对外公布。但据有关报道，其结论是明确的：近年来极端天气气候事件增多，威胁到我军人员、装备和设施安全，影响武器装备效能发挥及部队作战行动，制约部队战斗力的形成和提高。此外，气候变暖造成的海平面持续上升，还直接影响岛屿和沿海军事战略部署及战场建设。[4] 为

---

[1]《2008 年中国的国防白皮书》（http://www.chinamil.com.cn/site1/database/2009-01/21/content_1627266.htm）。

[2] 2009 年 9 月 27 日对中国科学院寒区环境与工程研究所专家的访谈。

[3] 美国国家情报委员会编，中国现代国际关系研究院美国研究所译：《全球趋势 2025：转型的世界》，时事出版社 2009 版，第 92 页。

[4]《中国成立军队气候变化专家委员会》，2008 月 11 月 7 日，新华网（http://news.xinhuanet.com/newscenter/2008-11/07/content_10323151.htm）。

此，2008 年中国军方专门成立了军队气候变化专家委员会，以适应执行多元化任务需要，探索气候变化对军事斗争和军队建设的影响规律，为军队执行作战任务和参加防灾救灾行动，提供可靠的气象决策和技术支撑，有效指导部队完成各项军事和非军事任务。[1] 总之，气候变化已成为我国军事安全的一个新的威胁。

第二节　气候变化事关我国核安全

一个与我国国家安全直接相关的问题是，气候变化导致极端气候事件增多和强度增加，对我国核电站的运行安全也构成不容忽视的威胁。

中国核电从 1985 年开始起步，在 1985 年到目前的 23 年间，一共建设了 11 台核电机组，总装机容量为 910 万千瓦。核电基地分布在沿海的浙江、广东、江苏三个省，包括秦山一期、秦山二期、秦山三期、大亚湾、岭澳一期、田湾等项目，根据我国核电产业发展规划，我国从沿海的广东、浙江、福建到内陆的湖北、湖南、江西将建设几十座核电站。到 2020 年，我国将建成 13 座核电站，拥有 58 台百万千瓦级核电机组，核电总装机容量达 4000 万千瓦，核电年发电量将超过 2600 亿千瓦时，核电占我国全部发电装机容量比重的 4% 左右，发电量比重占全国发电量的 6% 以上。[2]

2011 年的日本核泄漏事件的阴影至今还未散去。虽然那次事件不是由于全球气候变化造成的，但是事件所造成的严重后果使得全世界都开始重新审视核事业的发展。由于我国的核电站大多位于沿海地带，因气候变化导致的极端气候事件的强度增加将会对我国核电站的安全运行造成更大的风险。

---

[1] 同上。

[2] 国家统计局：《系列报告之十三：能源生产能力大幅提高结构不断优化》（http://www.stats.gov.cn/tjfx/ztfx/qzxzgcl60zn/t20090922_402589088.htm）。

第九章　中国应对气候变化的政策与行动

面对全球气候变化的严峻挑战，作为快速发展中的大国，中国做出了积极的回应。中国应对气候变化的政策涉及国内和国际两个层面以及减缓和适应两个关键领域，它们之间相互影响，相互补充。

第一节　当前中国应对气候变化的国内政策与行动[1]

2007年6月，中国政府发布了《中国应对气候变化国家方案》，对中国应对气候变化的国家政策进行了系统而权威的介绍，受到国际社会的广泛关注。根据《中国应对气候变化国家方案》，中国应对气候变化的总体目标是:控制温室气体排放取得明显成效，适应气候变化的能力不断增强，气候变化相关的科技与研究水平取得新的进展，公众的气候变化意识得到较大提高，气候变化领域的机构和体制建设得到进一步加强。

2009年9月，胡锦涛主席在联合国气候变化峰会上宣布，中国将进一步把应对气候变化纳入经济社会发展规划，并继续采取强有力的措施。一是加强节能、提高能效工作，争取到2020年单位国内生产总值二氧化碳排放比2005年有显著下降。二是大力发展可再生能源和核能，争取到2020年非化石能源占一次能源消费比重达到15%左右。三是大力增加森林碳汇，争取到2020年森林面积比2005年增加4000万公顷，森林蓄积量比2005年增加13亿立方米。四是大力发展绿色经济，积极发展低碳经济和循环经济，研发和推广气候友好技术。

2009年11月，中国政府进一步明确承诺，2020年在2005年基础上将单位GDP的碳排放降低40%~45%。

2011年，中国政府发布《"十二五"节能减排综合性工作方案》、《"十二五"控制温室气体排放工作方案》等，对"十二五"期间开展节能减排和控制温室气体排放做出了全面部署。11月22日，国务院新闻办公室发表了《中国应对气候变化的政策与行动（2011）》白皮书，系统地回顾了中国"十一五"期间应对气候变化采取的政策与行动、取得的积极成效，并表明了"十二五"期间应对气候变化的总体部署及有关谈判立场。

---

[1] 本节内容主要来自中国国务院新闻办:《中国应对气候变化的政策与行动（2011）》以及中国国家发展与改革委员会:《中国应对气候变化国家方案》（2007）。

我国把积极应对全球气候变化作为经济社会发展的一项重要任务，坚持以科学发展为主题，以加快转变经济发展方式为主线，牢固树立绿色、低碳发展理念，把积极应对气候变化作为经济社会发展的重大战略、作为调整经济结构和转变经济发展方式的重大机遇，坚持走新型工业化道路，合理控制能源消费总量，综合运用优化产业结构和能源结构、节约能源和提高能效、增加碳汇等多种手段，有效控制温室气体排放，提高应对气候变化能力，广泛开展气候变化领域国际合作，促进经济社会可持续发展。

2009 年哥本哈根会议召开前，中国政府宣布了到 2020 年单位国内生产总值温室气体排放比 2005 年下降 40% ~45% 的行动目标，并作为约束性指标纳入国民经济和社会发展中长期规划。2011 年 3 月，中国全国人大审议通过的《中华人民共和国国民经济和社会发展第十二个五年规划纲要》提出“十二五”时期中国应对气候变化约束性目标：到 2015 年，单位国内生产总值二氧化碳排放比 2010 年下降 17%，单位国内生产总值能耗比 2010 年下降 16%，非化石能源占一次能源消费比重达到 11.4%，新增森林面积 1250 万公顷，森林覆盖率提高到 21.66%，森林蓄积量增加 6 亿立方米。这彰显了中国政府推动低碳发展、积极应对气候变化的决心。

围绕上述目标任务，我国重点从以下 11 个方面推进应对气候变化相关工作。

一是加强法制建设和战略规划。按照中国全国人大常委会通过的《关于积极应对气候变化的决议》要求，研究制定专门的应对气候变化法，并根据应对气候变化工作的需要，对相关法律、法规、条例、标准等做出修订。开展中国低碳发展战略、适应气候变化总体战略研究，提出中国应对气候变化及控制温室气体排放的技术发展路线图。组织编制《国家应对气候变化规划（2011—2020）》，指导未来 10 年中国应对气候变化工作。

二是加快经济结构调整。通过政策调整和体制创新，推动产业优化升级，加快经济发展方式转变。抑制高耗能、高排放行业过快增长，加大淘汰落后产能力度，大力发展现代服务业，积极培育战略性新兴产业，加快低碳技术研发和产品推广，逐步形成以低碳为特征的能源、工业、交通、建筑体系。

三是优化能源结构和发展清洁能源。合理控制能源消费总量，制定能源发展规划，明确总量控制目标和分解落实机制。加快发展清洁煤技术，加强煤炭清洁生产和利用，促进天然气产量快速增长，推进煤层气、页岩气等非常规油气资源开发利用，安全高效发展核能，因地制宜加快水能、风能、太阳能、地热能、生物质能等可再生能源开发。

四是继续实施节能重点工程。实施锅炉窑炉改造、电机系统节能、能量系统优化、余热余压利用、节约替代石油、建筑节能、绿色照明等节能改造工程，以及节能技术产业化示范工程、节能产品惠民工程、合同能源管理推广工程和节能能力建设工程等重点节能工程，推进工业、建筑、交通等重点领域和重点行业节能，努力提高能源利用效率。

五是大力发展循环经济。进一步统筹协调低碳发展战略与其他资源环境政策，支持循环经济技术研发、示范推广和能力建设，努力提高资源产出率。编制全国循环经济发展总体规划，深化循环经济示范试点工作，加快建立反映循环经济发展的评价指标和统计制度，通过循环经济技术和市场机制使重点企业、园区、城市生态化。

六是扎实推进低碳试点。组织试点省区和城市编制低碳发展规划，积极探索具有本地区特色的低碳发展模式，率先形成有利于低碳发展的政策体系和体制机制，加快建立以低碳为特征的产业体系和消费模式。组织开展低碳产业园区、低碳社区和低碳商业试点。

七是逐步建立碳排放交易市场。借鉴国际碳排放交易市场建设经验，结合中国国情，逐步推进碳排放交易市场建设。通过规范自愿减排交易和排放权交易试点，完善碳排放交易价格形成机制，逐步建立跨省区的碳排放权交易体系，充分发挥市场机制在优化资源配置上的基础性作用，以最小化成本实现温室气体排放控制目标。

八是增加碳汇。大力推进植树造林，继续实施“三北”重点防护林工程、长江中下游地区重点防护林工程、退耕还林工程、天然林保护工程、京津风沙源治理工程以及岩溶地区石漠化综合治理等生态保护项目。深入开展城市绿化造林，加快建设城市森林生态屏障。开展碳汇造林试点，促进碳汇林业健康有序发展。继续实施农田保护性耕作和退牧还草等工程，增加农田和草地碳汇。

九是提高适应气候变化能力。重视应对极端气候事件能力建设，提高农业、林业、水资源、卫生健康等重点领域和沿海、生态脆弱地区适应气候变化水平。研究制定农林业适应气候变化政策措施，保障粮食安全和生态安全。合理开发和优化配置水资源，强化各项节水政策和措施。加强海洋和海岸生态系统监测和保护，提高沿海地区抵御海洋灾害能力。完善应对极端气象灾害的应急预案、启动机制以及多灾种早期预警机制。

十是继续加强能力建设。建立温室气体排放基础统计制度，加强对可再生能源、能源供应和消费的统计。加强科技支撑，推进关键低碳技术自主研发，扩大低碳技术示范和推广。进一步完善有利于应对气候变化人才发展的体制机制，不断提高人才队伍素质。通过多种大众传播媒介，广泛宣传普及应对气候变化知识，积极倡导低碳消费。

十一是全方位开展国际合作。继续加强与发达国家的交流与对话，全面启动应对气候变化南南合作，开展应对气候变化能力建设与培训，实施适应气候变化技术合作项目，组织节能、节水、新能源产品与设施推广赠送活动，为发展中国家应对气候变化提供切实支持，逐步形成具有总体规划指导、专项经费支持、成熟稳定队伍，能够有效覆盖减缓、适应、技术转让、能力建设等各领域的综合性对外交流与合作体系。

第二节　当前中国应对气候变化的国际政策与行动

在国际层面，中国应对气候变化的目标是，积极开展国际交流与合作，从国情和实际出发，承担与我发展阶段、应负责任和实际能力相称的国际义务，实施强有力的国内政策、措施和行动，为保护全球气候做出新贡献，树立我国负责任的良好形象。[1] 具体政策包括：继续对外开展应对气候变化政策对话与交流，增信释疑，开展务实合作；拓展应对气候变化国际合作渠道，加快资金、技术和人才引进，有效消化、吸收国外先进的低碳技术和气候友好技术，增强我国控制温室气体排放、发展低碳经济的能力；深化与发展中国家的合作，加强人员交流和经验共享，支持最不发达国家和小岛屿发展中国家提高适应气候变化的能力；进一步做好外宣工作，增进各方对我国重视气候变化问题、积极采取行动和措施的了解和认识。

中国应对气候变化的国际行动具有全方位、立体、多元的特点，在合作层次上包括全球、区域和双边（其中以全球性和双边合作为重点）、在合作对象上包括发达国家、发展中国家和国际非政府组织（其中以与发达国家合作为重点），在合作领域上包括减缓和适应（其中以减缓为重点）。

一是积极参加联合国进程下的国际谈判。

中国坚持《联合国气候变化框架公约》（简称《公约》）和《京都议定书》（简称《议定书》）双轨谈判机制，坚持缔约方主导、公开透明、广泛参与和协商一致的规则，积极发挥联合国框架下的气候变化国际谈判的主渠道作用，坚持“共同但有区别的责任”原则，积极建设性参与谈判，加强与各方沟通交流，促进各方凝聚共识。

2007 年，中国参加了印尼巴厘岛联合国气候变化谈判会议，为“巴厘路线图”的形成做出了实质性贡献。中国在此次大会上提出的三项建议，包括最晚于 2009 年年底谈判确定发达国家 2012 年后的减排指标、切实将《公约》和《议定书》中向发展中国家提供资金和技术转让的规定落到实处等，得到了与会各方的认可，并最终被采纳到该路线图中。

2009 年，中国积极参加哥本哈根会议谈判，为打破谈判僵局、推动各方形成共识发挥了关键性作用。中国政府公布《落实巴厘路线图——中国政府关于哥本哈根气候变化会议的立场》，提出了中国关于哥本哈根会

[1]《全国人民代表大会常务委员会关于积极应对气候变化的决议》，2009 年 8 月 27 日。

议的原则、目标，就进一步加强《公约》的全面、有效和持续实施，以及发达国家在《议定书》第二承诺期进一步量化减排指标等方面阐明了立场。在出席领导人会议时，中国国务院总理温家宝呼吁各方凝聚共识、加强合作，共同推进全球合作应对气候变化进程。会议期间，温家宝总理与各国领导人展开密集磋商，推动形成了《哥本哈根协议》，为推动气候变化国际谈判进程做出了突出贡献。

2010 年，中国全面参与墨西哥坎昆会议谈判与磋商，坚持维护谈判进程的公开透明、广泛参与和协商一致，就各个谈判议题提出建设性方案，为坎昆会议取得务实成果、谈判重回正轨做出了重要贡献。特别是在关于全球长期目标、《京都议定书》第二承诺期、发展中国家减缓行动的“国际磋商与分析”以及发达国家减排承诺等分歧较大的问题的谈判中，积极与各方沟通协调，从各个层面与各方坦诚、深入交换看法，增进相互理解，凝聚政治推动力。利用“77 国集团 + 中国”和“基础四国”等机制加强与广大发展中国家的沟通协调，利用各种渠道加强与发达国家的对话，为开好坎昆会议做了有效铺垫。中国还与会议东道国墨西哥密切沟通，提供了有益建议和全面支持。2010 年 10 月，在坎昆会议召开前，中国在天津承办了一次联合国气候变化谈判会议，为推动坎昆会议取得积极成果奠定了基础。

2011 年德班会议中，中国同意启动德班增强行动平台，即于 2015 年前完成 2020 年后包含所有成员的、具有法律效力的国际气候条约的谈判。作为“77 国集团 + 中国”的一员，中国代表团全面、积极、深入地参加会议各个议题的谈判磋商，从不同层面广做各方工作，以积极、务实、开放的姿态与发展中国家进行沟通协调，与发达国家开展对话磋商，全力支持东道国为推动德班会议取得成功所做的工作，为会议取得积极成果做出了最大限度的努力，发挥了建设性作用。

二是积极参与相关国际对话与交流，利用高层互访和重要会议推动谈判进程。

中国国家主席胡锦涛在出席二十国集团峰会、八国集团同发展中国家领导人对话会议、主要经济体能源安全和气候变化领导人会议、亚太经合组织等重大多边外交活动中，多次发表重要讲话，努力促进国际社会在应对气候变化方面凝聚共识，共同推进全球合作应对气候变化进程。2009年9月22日，胡锦涛主席出席联合国气候变化峰会，发表了题为《携手应对气候变化》的讲话，阐明中国应对气候变化目标、立场和主张，并表达了加强国际合作的意愿。中国国务院总理温家宝在东亚峰会、中欧工商峰会、亚欧峰会等重要国际会议中，多次就深化应对气候变化国际交流和合作、发展绿色经济等问题阐述中国的立场和采取的行动，呼吁加强气候变化技术和管理方面的国际合作，加深各方对彼此立场的理解。

积极参与气候变化谈判相关国际进程。参与联合国气候变化大会东道国举办的部长级非正式磋商会议、“经济大国能源与气候论坛”领导人代表会议、彼得斯堡气候变化部长级对话会、小岛国气候变化部长级会议、气候技术机制部长级对话会、联合国秘书长气候变化融资高级别咨询小组会议和国际民航、国际海事组织会议及全球农业温室气体研究联盟等系列国际磋商和交流活动。中国积极参与政府间气候变化专门委员会及其工作小组的活动，中国科学家参与了历次评估报告的编写。

加强与各国磋商与对话。加强与美国、欧盟、丹麦、日本等发达国家和地区的部长级磋商。加强与其他发展中国家的沟通，推动建立“基础四国”协商机制,并采取“基础四国 +”的方式,协调推动气候变化谈判进程。加强与非洲国家、最不发达国家、小岛屿国家的沟通。中国国家气候变化专家委员会积极开展与其他国家相关智库的学术交流对话，推动气候变化科学研究、技术转让、公众教育和信息共享等方面的国际合作。

在坚持联合国气候变化机制的主导地位的同时，中国也以开放的态度积极参与其他应对气候变化的多边机制。这些机制主要包括：

1. “亚太清洁发展和气候伙伴计划”

2005年7月，在美国和澳大利亚的倡议下，中、美、日、澳、印、韩共同成立“亚太清洁发展与气候伙伴计划”。2007 年 10 月加拿大正式加入，使伙伴计划成员增加至 7 个。伙伴计划是美国为减轻其因拒绝批准《京都议定书》所面临的国际压力而发起成立的。

2.“国际甲烷市场化合作计划”

2004 年 7 月美国政府倡导启动了“国际甲烷市场化合作计划”，旨在通过低成本、高收益的甲烷回收利用项目，在短期实现甲烷减排。该计划包括四个领域：煤炭、城市垃圾填埋、农业（家畜粪肥处理）及石油天然气。目前世界上已有包括中国在内的 18 个国家加入该计划。

3. 参加亚太经合组织关于气候变化问题宣言的制定

2007 年，亚太经合组织第十五次领导人非正式会议通过并发表了《APEC 领导人关于气候变化、能源安全和清洁发展的宣言》，宣言就降低亚太地区能源强度与增加森林面积确定了具体目标。宣言中关于建立亚太森林恢复和可持续管理网络，以加强森林领域能力建设和信息交流的内容就是根据胡锦涛主席的建议写进去的。

4. 八国集团和 5 个主要发展中国家气候变化对话（G8+5 气候变化对话）

2005 年 8 月的八国峰会，首次采取了八国集团加中国、印度、巴西、南非与墨西哥的形式，把抑制全球气候变暖作为本次峰会两大重要议题之一。此次首脑会议最终制定了《气候变化、清洁能源与可持续发展宣言》和《格伦伊格尔斯行动计划气候变化、清洁能源与可持续发展》两个重要文件。此后，气候变化一直是 G8+5 的主要议题之一。从 2008 年开始，每年峰会期间举行经济大国能源安全和气候变化领导人会议。G8+5 在气候变化对话中的最新进展是，在 2009 年举行的经济大国能源安全和气候变化领导人会议上，17 个与会国首次确认，全球平均气温上升幅度不能高于工业化前 2 摄氏度。

5. 经济大国能源安全和气候变化论坛

这是由美国发起并主办的全球气候变化会议。美国总统奥巴马上任后于2009年3月启动，成员包括美、俄、中、日等16个经济大国和欧盟，另加上哥本哈根大会东道主丹麦。其前身是“主要经济体能源安全与气候变化会议”。该会议于2007年9月底在华盛顿首次举行。共有16个国家以及联合国和欧盟的代表与会，探讨如何共同应对气候变化。美国邀请的其他15个国家包括英国、法国、德国、日本、加拿大、澳大利亚等发达国家，以及中国、印度、巴西、墨西哥、南非等发展中国家。

近年来，中国明显加大了气候领域南南合作的力度。胡锦涛主席和温家宝总理在不同场合都表示，中国愿意在气候变化领域向受影响最为严重的小岛屿国家、最不发达国家、内陆国家和非洲国家提供力所能及的支持和帮助。在2011年德班会议期间，国家发改委副主任解振华在演讲中透露，下一步中国政府将主要从四个方面与发展中国家开展气候变化领域务实合作：

一是适应气候变化基础项目建设。帮助受极端天气气候事件严重影响的发展中国家建立天气预报预警系统、建设天气预报站台，提高发展中国家气象灾害监测预警能力。

二是适应气候变化技术推广。我们将依托中国政府援外农业技术示范中心，向有需要的发展中国家推广农业抗旱节水技术、生物多样性保护技术、森林可持续经营技术和海平面上升监测技术等适应气候变化领域的适用技术。

三是节能和可再生能源产品技术的推广应用。组织节能、节水、可再生能源产品与设施的推广赠送，开展节能改造技术示范，援建一批小水电和太阳能项目，帮助有需要的小岛屿发展中国家建立必要的垃圾处理站。

四是继续开展针对发展中国家需要的能力建设项目。今后三年，将在气候变化领域开展一系列能力建设活动，培训总计1000名发展中国家的官员和技术人员。

第三节　中国在国际气候变化谈判中的作用

随着联合国气候变化谈判进程的发展，中国的作用和影响受到越来越大的关注。大量事实表明，在联合国气候变化谈判中，中国正以日益积极的姿态参与其中，发挥了越来越重要的建设性作用。具体而言，中国的作用主要体现在以下几个方面：

第一，全程参与联合国气候变化谈判，认真履约并起到一定示范作用。

1988 年 12 月，第 43 届联合国大会通过了《为人类当代和后代保护全球气候》的 43/53 号决议，决定在全球范围内对气候变化问题采取必要和及时的行动。1990 年 12 月，第 45 届联合国大会通过了第 45/212 号决议，决定成立由联合国全体会员国参加的气候公约“政府间谈判委员会（INC）”，立即开始起草公约的谈判。国际气候变化谈判的进程从此正式启动。政府间谈判委员会经过历时 15 个月的 5 轮艰苦谈判，起草并通过了《联合国气候变化框架公约》。6 月，在巴西里约热内卢召开的联合国环境与发展大会期间，公约正式开放签署。李鹏总理代表中国政府在里约会议期间签署了公约，同年底全国人大审议并批准了该公约。1994 年 3 月 21 日，该公约在 50 个国家批准后正式生效，中国是公约最早的 10 个缔约方之一。1997 年在日本京都召开的公约第三次缔约方会议 (COP3) 通过了《京都议定书》，中国在 1998 年 5 月 29 日签署了议定书，为第 37 个签约国。2002 年，全国人大审议并批准了该议定书。《联合国气候变化框架公约》缔约方会议第 13 次会议（COP13 of UNFCCC）暨《京都议定书》缔约方会议第 3 次会议于 2007 年 12 月 3—15 日在印度尼西亚巴厘岛举行。在中国代表团的积极参与下，会议制定了“巴厘路线图”，路线图进一步确认了公约和议定书下的“双轨”谈判进程，并决定于 2009 年年底在丹麦哥本哈根举行的公约第 15 次缔约方会议和议定书第 5 次缔约方会议上最终完成谈判，加强应对气候变化国际合作，促进公约及议定书的履行。

与此同时，中国认真履行本国在《气候公约》和《议定书》下的义务，于2004年提交了《中华人民共和国气候变化初始国家信息通报》，并于2007年6月发布《应对气候变化国家方案》和《中国应对气候变化科技专项行动》。中国是世界上第一个发布《应对气候变化国家方案》的发展中国家。在《气候公约》和《议定书》下，中国虽然没有量化减排义务，但在国内采取积极的节能减排措施。其力度之大，举世罕见。在“十一五”规划中，中国制定了从2006—2010年将单位GDP的能耗降低20%的约束性指标。如果中国GDP增长速度按9.5%计算，到2010年实现20%的节能目标，可减少16亿吨二氧化碳的排放。这是目前世界上所有减排计划中贡献最大的一个国家目标。[1] 中国这一雄心勃勃的减排计划和行动受到国际的广泛好评。联合国秘书长潘基文指出：“中国计划在五年时间内将单位GDP能耗减少20%，这与欧盟承诺在2020年前将温室气体排放减少20%在本质上相差不远。”[2] 这些事实表明，在一定程度上，中国不仅在认真履行条约的义务，而且起到了示范和榜样的作用。

第二，有力维护发展中国家的整体利益，实际上承担了发展中国家阵营领导者和协调员的角色。在公约谈判过程中，中国代表团的关于气候变化公约草案首先成为77国协调立场的基本文件，然后成为国际谈判的基础。在1995年《京都议定书》谈判之前，中国代表团提出了关于进一步加强发达国家量化减排指标谈判的决定，提出了具体的要素，这个决定也为后来的谈判，以及制定《京都议定书》的规定——只有发达国家承担量化减排指标——提供了重要的基础。在2005年蒙特利尔会议上，中国代表团关于《京都议定书》第二承诺期指标谈判的动力也为会议所采纳，这就基本上奠定了“巴厘路线图”的基础。发达国家不但要在2008—2012年的第一阶段期承担量化的减排指标，还将在2012年以后继续按照《京都议定书》的模式承担量化的减排指标。《京都议定书》建立了一个重要模式：只有发达国家承担具体的量化的减排指标，发展中国家没有量化的

[1] 杨富强、侯艳丽：《击破气候变化谈判的“坚壳”》，载杨洁勉主编《世界气候外交和中国的应对》，时事出版社2009年版，第30页。

[2]《潘基文赞扬中国积极、建设性地参与巴厘岛会议》，《新华社中文新闻》2007年12月13日。

减排义务。《议定书》只是重申了公约所承担的应对气候变化原则性、一般性的承诺和义务。公约和议定书的原则和规定，对中国和发展中国家非常有利，是中国联合发展中国家的力量，共同努力，经过艰苦谈判争取而来的。[1] 在 2007 年的巴厘岛大会上，中国代表团为绘制“巴厘路线图”做出了重要贡献。从大的方面讲，中国代表团提出启动公约谈判进程的目的是加强公约实施，坚持了“共同但有区别的责任”原则。从小的方面讲，中国代表团提出“减缓、适应、技术、资金”4 个轮子独立并行，强调了“技术和资金”在帮助发展中国家应对气候变化方面的极端重要性。以上这些均已反映在《巴厘行动计划》中。[2]

此外，针对发达国家为降低减排成本引入并极力推行基于市场的三个灵活机制，却一直在对发展中国家的资金援助和技术转让问题上设置障碍，中国在 COP4 上提出“技术转让机制”(TTM), 并被写入 COP4 会议决议的正式文本，即“布宜诺斯艾利斯行动计划”，为公约制度的完善做出了贡献。[3]

第三，中国是国际气候变化谈判的积极支持者。在气候谈判“南北对立”的基本政治格局下，尽管不同国家或国家集团之间存在着错综复杂的利益关系，但欧盟、以美国为首的“伞型国家集团”以及代表发展中国家的“77 国集团 + 中国”基本上是决定公约演化进程的三支最主要的政治力量。虽然代表“77 国集团 + 中国”发表立场声明的往往是“77 国集团”的轮值主席国的代表，但中国以其大国的国际地位，通过艰苦的内部协调工作，在维护发展中国家的基本利益的同时，采取日益灵活与合作的政策，以推动谈判的进程。[4]

此外，中国参与政府间气候变化专业委员会 (IPCC) 科学评估活动的情况也从另一个侧面反映了中国不断强化的参与程度。在 1990 年和 1995 年 IPCC 推出的第一、二次《气候变化评估报告》中，中国科学家仅有极少数

[1] 苏伟：《中国如何应对气候变化》,《绿叶》2008 年第 8 期，第 35~36 页。

[2] 苏伟、吕学都、孙国顺：《未来联合国气候变化谈判的核心内容及前景展望——“巴厘路线图”解读》,《气候变化研究进展》2008 年第 1 期，第 59 页。

[3] 陈迎：《中国在气候公约演化进程中的作用与战略选择》,《世界经济与政治》2002 年第 5 期，第 16 页。

[4] 陈迎：《中国在气候公约演化进程中的作用与战略选择》,载《世界经济与政治》,2002 年第 5 期，第 16 页。

人以个人名义参加，几乎谈不上发挥什么影响力。到2001年推出的第三次评估报告，中国有一人担任了第一工作组的联合主席，共有20人次作为主要作者和评阅人参与了报告的编写，另有许多科学家参与了先后三轮的科学和政府审评工作，使发展中国家在气候变化问题上发挥的作用大大增强。而在2007年IPCC推出的第四次评估报告中，共有28位中国人作为主要作者和评审编辑参与其中。中国科学家在报告的起草工作中发挥了重要作用。

因此，中国目前在国际气候变化谈判中的角色可以界定为一个日益积极的建设性参与者。

第四节　中国在国际气候谈判中面临的困难和挑战

应对气候变化事关中国的根本国家利益和人类的长远利益。[1] 因此，进一步深化中国应对气候变化的国际合作是中国的必然选择。在这一进程中，中国面临着许多困难和挑战。这些挑战包括：

第一，如何在维护中国的基本发展权益和为减缓全球气候变化做出更大贡献之间找到最佳的平衡点。

随着中国快速经济发展而导致的温室气体排放的迅速增加和全球气候治理的日益强化，国际社会要求中国在全球应对气候变化努力中承担更大的责任，甚至发挥领导作用的呼声日益高涨。比如，联合国秘书长潘基文在2009年7月底访华期间，强调中国是哥本哈根气候谈判成功的关键："今天中国已经是全球性大国。全球性大国应该承担全球性责任。没有中国，今年新的全球气候框架的谈判就无法取得成功。但是有了中国的参与，今年哥本哈根谈判达成协议就有了极大的可能性。随着哥本哈根峰会的来临，我希望中国进一步承担随着成为全球强国而来的全球责任。"[2]

---

[1] 新华电讯："胡锦涛在中共中央政治局第六次集体学习时强调坚定不移走可持续发展道路加强应对气候变化能力建设"，2008年06月28日，http://news.xinhuanet.com/newscenter/2008-06/28/content_8454350.htm。

[2] UN Department of Public Information, Secretary-General underscores china' s potential to influence climate change negotiations during launch of 'green lights' programme, 24 July 2009, http://www.un.org/News/Press/docs/2009/sgsm12380.doc.htm.

另一方面，中国仍然是一个发展中国家，人口众多，经济发展水平较低，发展任务艰巨；处于工业化发展阶段，能源结构以煤为主，控制温室气体排放任务艰巨；气候条件复杂，生态环境脆弱，适应任务艰巨。如何既有效维护好中国的基本发展权益，又更好地展现中国负责任大国的形象，并实现二者的良性互动，无疑是中国未来进一步参与国际应对气候变化谈判的巨大挑战，也是对我国外交理念和智慧的严峻考验。

第二，如何促使发达国家切实遵守“共同但有区别的责任”原则。

《公约》指出，历史上和目前全球温室气体排放的最大部分源自发达国家，发展中国家的人均排放仍相对较低，发展中国家在全球排放中所占的份额将会增加，以满足其经济和社会发展需要。《公约》明确提出，各缔约方应在公平的基础上，根据他们共同但有区别的责任和各自的能力，为人类当代和后代的利益保护气候系统，发达国家缔约方应率先采取行动应对气候变化及其不利影响，并向发展中国家提供资金和技术援助。中国深化应对气候变化的国际合作，就意味着需要促使发达国家按《公约》规定，切实履行向发展中国家提供资金和技术的承诺，提高发展中国家应对气候变化的能力。中国为此已提出了技术需求和能力需求的清单。[1]

从中国的角度看，现阶段，中国能源消费表现出总量规模大、速度增长快的特点。许多发达国家的经验表明，经济快速发展阶段都会伴随能源消费的快速增长。目前中国正在进行大规模的基础设施建设，能源需求快速增长。如果只使用当前大量的非低碳技术，将会产生对环境的严重影响。由于用落后的非低碳技术建成的固定资产不可能在短期内推倒重建，将形成中国能源基础设施在其生命周期内的资金和技术的“锁定效应”。因此，如果中国不能在当前获得低碳技术用于基础设施建设，将失去控制未来几十年温室气体浓度的机会。[2] 但令人遗憾的是，自公约生效以来，在发达国家向发展中国家进行技术转让方面进展甚微。究其原因，发达国家将低

[1] 中国国家发展和改革委员会组织编制：《中国应对气候变化国家方案》，2007 年 6 月（http://www.ccchina.gov.cn/WebSite/CCChina/UpFile/File189.pdf）。

[2] 邹骥、王克等：《低碳道路的技术转让和资金机制》，载中国社科院可持续发展战略研究组《2009 中国可持续发展战略报告——探索中国特色的低碳道路》，科学出版社 2009 年版。

碳技术视为其未来国家竞争力的重要组成部分，缺乏对发展中国家进行技术转让的政治意愿。如何推动发达国家在向发展中国家转让低碳技术和资金方面取得实质性成果，也是未来中外气候变化合作面临的一大挑战。

第三，如何加强发展中国家的团结。

在可以预见的将来，南北之间的冲突与合作将依然是国际气候博弈的基本模式。发展中国家内部的团结是推动南北合作的基础和动力。作为世界上最大的发展中国家，中国对此有清醒的认识。[1] 随着国际气候变化谈判的深入，发展中国家内部由于情况不同、地理位置不同、资源不同，应对气候变化的立场存有很大的差异,发展中国家阵营的分化趋势日益严重。石油输出国组织成员国担心全球减排会影响到国际石油市场，强调国际社会应该帮助其改善经济结构，以适应因全球减排行动对其国家经济造成的不利影响。小岛屿国家联盟深受气候变化导致的海平面上升的严重威胁，主张采取最有力的减缓气候变化的措施，强烈支持欧盟提出的激进的全球减排计划，甚至提出了全球气候升温控制在1.5℃的最激进的目标。非洲国家则因排放量小，受气候变化影响大，主要关注适应问题，希望获得更大的国际资金援助。由于国际资金来源非常有限，发展中国家之间为了经济利益产生矛盾和竞争不可避免。

与此同时，我国在温室气体排放和综合国力上正在与其他发展中国家拉开距离。我国二氧化碳排放总量大，增长迅速，增长潜力巨大。加之一些西方国家的故意夸大，我国现在这种既大又小、既富又贫、欲强还弱的状态使我国对自身作为发展中国家的定位更难得到广泛认同。[2] 世界对中国的期待和要求在迅速增加。这使得中国借助发展中国家，维护自身利益的程度相应会受到一定的限制，而且承担着来自发展中国家内部的越来越大的压力。在此背景下，如何维护发展中国家的团结，以便在南北合作中争取最大利益，就成为中国未来参与联合国气候谈判的一大挑战。

[1] 中国对哥本哈根会议的立场文件。

[2] 裘援平：《关于中国国际战略研究的若干看法》，载王缉思主编《中国国际战略评论 2009》，世界知识出版社 2009 年版，第 4 页。

结语

本书强调，气候变化是中国的国家安全问题。因此，中国不仅应该把应对气候变化纳入国民经济和社会发展规划，而且应该将其置于国家安全的总体框架下统筹规划。

那么随之而来的问题便是：其具体的政策含义是什么？这与中国过去应对气候变化的政策有什么区别？

在国家安全的框架下审视中国应对气候变化的政策有着新的含义。当一个问题成为国家安全问题时，其性质就发生了重大变化。

首先，往往意味着这个问题比其他任何问题都更为重要，并因此获得绝对优先讨论的地位和更多的资源投入。其次，在传统的军事—政治安全语境中，安全往往关乎生存。当一个问题被人们提出，是因为它对一个指涉对象（传统上是国家、合法的政府、领土与社会，但这并不是必然的），造成了“存在性威胁”(Existential threat)。安全威胁的特殊性质，证明了为安全而使用非常措施完全正当。以安全为借口，已经是一个国家合法使用武力的关键之所在，但是更为一般的情况是，它为国家进行动员提供了理由。[1] 维夫 (Ole Waever) 说得更明白：“将某种发展变化称为安全问题，国家就可要求一种特殊的权力。”[2] 那么，从国家安全的视角，中国如何有效应对气候变化？

必须承认，当前中国已经形成了一套比较完善的应对气候变化的政策体系。[3] 中国已经形成了由国家应对气候变化领导小组统一领导、国家发展和改革委员会归口管理、各有关部门分工负责、各地方各行业广泛参与

[1] 巴瑞·布赞等著，朱宁译：《新安全论》，浙江人民出版社 2003 年版，第 29 页。

[2] 巴瑞·布赞等著，朱宁译：《新安全论》，浙江人民出版社 2003 年版，第 13 页。

[3] 王伟光、郑国光主编：《应对气候变化报告：通向哥本哈根》，社会科学文献出版社 2009 年版，第 40 页。

的国家应对气候变化工作机制。中国政府对待气候变化问题是严肃而认真的。这一点已得到国际社会的普遍认同。若用单位 GDP 二氧化碳强度的下降幅度来观察分析碳减排的效果，中国做出的努力和取得的成就不逊于任何发达国家。[1] 但若从国家安全的视角来衡量，我国目前应对气候变化的政策还存在若干不足，难以完全适应新形势的要求，需要进一步调整和完善。

不足之一是我国应对气候变化的政策与时俱进不够，表现在面对中国与世界的相互依存前所未有、在刻不容缓的气候变化问题上，中国利益与全人类共同利益的重叠部分在增加的新形势，缺乏一种开放的、全球的和长远的眼光来审视中国的国家利益，与胡锦涛主席所说的体现“对中华民族和全人类的长远利益高度负责的精神”尚有一定差距。

不足之二是我国应对气候变化政策的战略性不够，表现在我国迄今尚未制定出中长期应对气候变化的国家战略。2007 年颁布的《中国应对气候变化国家方案》只制定了 2010 年前的气候政策和具体目标。2009 年，我国公布了 2020 年的碳排放强度目标。2011 年中国发布了“十二五”期间政府的政策目标和行动，但缺乏具体的落实措施。

不足之三是我国在国际气候变化谈判中主动性不够，表现在谈判中，大多数情况下处于被动反应，主动出击少。

不足之四是我国应对气候变化政策的进取心不够，表现在对应对气候变化的挑战高度重视，但对应对气候变化所带来的重大机遇强调不够，导致节能减排的动力不足。

不足之五是我国目前的应对气候变化决策机制综合性和系统性不够，表现在军队和地方之间在应对气候变化领域互动不足，尚未形成合力。在国家应对气候变化领导小组这一最高决策机构中缺乏军队的代表。

不足之六是我国目前的应急机制不够完善，表现在面对重大的极端气

[1] 韩伟、唐小月：《应对气候变暖：中国不逊于发达国家——访清华大学低碳能源实验室主任何建坤》，《能源评论》2010 年 1 月总第 13 期，第 47 页。

候事件时反应不够及时，处置不够有力。

不足之七是我国应对气候变化政策的宣传力度和专业性不够，表现在国外对我国在应对气候变化领域所做出的努力了解不充分、不全面，甚至存在误解，客观上为“中国气候威胁论”提供了一定的土壤。

不足之八是全民参与不够，表现在非政府组织在国家节能减排领域发挥的作用很有限，从根本上制约了我国应对气候变化的广度和深度。

因此，未来我国应对气候变化政策的调整应朝着更负责任、更有前瞻性和战略性、更具主动性、更具进取心和更具透明度的方向努力。

从国家安全的角度出发，中国应对气候变化的政策还存在进一步调整和完善的空间。

第一，要有大视野，坚决摒弃阴谋论，坚定不移地走低碳经济之路。

当前在国内有一种观点颇有市场：气候变化议题是西方炒作出来的，其醉翁之意不在保护气候，而在牵制中国的发展，切勿上当。这种观点的流行对我国积极应对气候变化是不利的，应该摒弃。阴谋论实际上向我们提出了两个重要的问题：

其一，气候变化是真议题，还是假议题？

全球气候变暖了吗？现在的气候变化是由人类活动导致的吗？这些气候变化的科学问题非常复杂，专业性极强。那么作为对气候变化的自然科学了解甚少的大众应该如何看待气候变化问题呢？科学的态度当然是倾听专家的观点，接受气候变化科学共同体的结论，因为他们是内行，比我们掌握的相关知识更多更可靠。根据来自 130 多个国家（包括中国）的数千名权威科学家组成的最具权威性的联合国政府间气候变化专门委员会（IPCC）的评估报告，其基本结论是：气候系统变暖是毋庸置疑的；自 20 世纪中叶以来，大部分已观测到的全球平均温度的升高很可能是由于观测到的人为温室气体浓度增加所导致；无论是适应还是减缓都不能避免所有的气候变化的影响；但是，适应和减缓能够互补并能够共同大大降低气候变化的风险。

我国2006年发布的《气候变化国家评估报告》和美国政府2009年发布的《全球气候变化对美国的影响》报告也支持了IPCC的基本结论。由此可见，人为活动导致全球气候变暖已成为国际科学界的主流共识。气候变化是真议题而非假议题，任何严肃的学者都不应先入为主或故步自封，排斥自己知识结构之外的新知识。由于科学研究的不确定性，科学争论永远无法完全避免。国家决策总是有风险的，但相信气候变化科学共同体的结论比其他选择风险要低，是理性的选择。本来气候变化，匹夫有责，人人都有讨论气候变化的自由。

但令人担忧的是社会上一些颇有影响的专家学者对气候变化的最新科学知识充耳不闻，上来就高谈阔论，置基本的科学事实于不顾，无实事求是之心，有哗众取宠之意，实不足取。

其二，气候变化到底对中国有何影响?

西方国家在气候变化问题上的图谋是什么并不是最重要的，最重要的是我们自己必须具体问题具体分析，弄清楚气候变化对我们的利弊得失并采取相应对策。简单地贴标签，逢西方必反的心理怪圈是有害的，应当避免。举一个例子，1972年的联合国人类环境会议是在发达国家倡导下举行的。当时许多发展中国家，包括中国，都认为发达国家是在借环保之名，行阻止发展中国家发展经济之实。巴西政府为此在发展中国家到处游说，号召抵制联合国人类环境会议。但联合国人类环境会议以来的历史表明，中国和其他发展中国家在发展中均遇到了环境问题的严峻挑战，所幸当时参加了联合国人类环境会议。联合国人类环境会议直接推动了中国的环境保护，开启了中国环保的大幕。今天环境保护和可持续发展已成为我国的基本国策。设想一下，如果我们当时因为西方提出环保议程，醉翁之意不在环境保护，而在阻碍发展中国家的发展，拒绝参加人类环境会议，拒绝采取环保行动。我们今天将付出多么沉重的环境代价!

退一步说，即使西方真有此阴谋，我们也应权衡利弊，以我为主，谋定而后动。在这一点上我们应该重温郑国渠的故事。

公元前246年，韩国桓惠王为减轻来自秦国的强大压力，心生一计，派韩国著名水利工程师郑国西去秦国，劝说秦王兴修水利工程，企图使秦国把注意力放在国内，无暇东顾，最终拖垮秦国。秦国采纳了郑国建议，并于当年开始凿泾水修渠。施工中秦王发现郑国来秦建郑国渠是韩王策划的一个阴谋——“疲秦”之计，怒而欲杀郑国。郑国辩解说：“始臣为间，然渠成亦秦之利也，臣为韩延数岁之命，而为秦建万世之功。”（《汉书·沟洫志》）秦王认为有理，命他继续修渠，渠道终于建成。在郑国渠的滋润下，关中很快成为大秦帝国的粮仓，据史学家的估计，郑国渠灌区每年所提供的粮食，足以供养秦国60万大军，为秦统一中国奠定了基业。司马迁在《史记》中如此描述，郑国渠建成后，“关中为沃野，无凶年，秦以富强，卒并诸侯。”

那么，气候变化到底对中国意味着什么呢？

胡锦涛主席的提法是，妥善应对气候变化，事关我国经济社会发展全局和人民群众切身利益，事关国家根本利益。如何理解？简而言之，应对气候变化关系到中国的粮食安全、能源安全、环境安全和军事安全。本书前面已对此有所论述。

当前，各国抢占新能源技术制高点的竞赛越演越烈，形势逼人，不进则退。

联合国环境规划署发布的《2009年全球可持续能源投资趋势》报告显示，近几年清洁能源投资迅猛增长。2008年，全世界对其投资高达1550亿美元，比2004年增长了3倍以上，并首次超过对煤炭和石油等传统能源1110亿美元的投资，其中以风能居首，投资金额为518亿美元，太阳能位列第二，投资额为335亿美元。发达国家总投资额为823亿美元，发展中国家总投资额为366亿美元（其中中国的投资额为156亿美元，巴西108亿美元，印度37亿美元。报告强调，过去5年推动可持续能源迅猛增长的关键因素目前仍然有效，如应对气候变化、能源安全、化石能源耗竭和新技术开发等，因此清洁能源领域仍有强大的需求空间。[1]2009 年，对新能源及其技术的研发投资成为一些国家应对金融危机、振兴经济的重要组成部分。美国、欧盟、日本和韩国都制订了包括新能源在内的绿色经济发展计划。

迄今为止，部分新能源技术已经取得长足发展并得到广泛应用。韩国、印度、俄罗斯等 13 个国家正在建设 53 座核反应堆，美国也立项将建设数十座核反应堆。在风能利用方面，英国曾宣称已经超过丹麦，成为世界上最大的近海风能生产者，并乐观预计，到 2020 年风能将占英国能源利用的 30%。美国计划到 2012 年，使其国内发电总量的 10% 来自风能、太阳能等可再生能源，2025 年，这一比例将达到 25%。[2]

无论是从我国科学家的研究，还是我国政府高层的战略判断来看，气候变化问题都是我国当前和未来面临的重大挑战，与我们自身的利益息息相关。所以，中国政府反复强调：就中国而言，我们对应对气候变化问题的紧迫性、重要性有着明确认识，因此会一直以积极和负责任的态度，坚持走可持续发展的道路，在国内推进积极应对气候变化的措施。对中国政府来说，应对气候变化既是挑战，更是机遇！这就是大国视野、大国气派和大国智慧！只要像邓小平说的那样，“看准了就大胆地干”，坚持走低碳经济和可持续发展之路，和谐中国就有望！和谐世界就有望！

第二，要有大战略，要从战略高度看待节能减排在转变我国经济发展方式中的抓手作用，从战略高度开展中国与其他大国的气候合作。

改革开放 30 多年来，我国经济发展取得举世瞩目的成就，但同时也付出了沉重的资源和环境代价。站在新的历史起点上，全国上下已形成一个基本共识：支撑过去 30 年经济奇迹的“高投入、高排放、低产出”的传统经济发展模式已难以为继；未来 30 年，中国只有根本改变传统经济

---

[1] United Nations Environment Programmeand New Energy Finance Limited, Global Trends in Sustainable Energy Investment 2009,http://www.unep.fr/energy/finance/pdf/Global_Trends_2009%20(July%2009)%20new%20ISBN.pdf.

[2] 吴迎春：《新能源带来新希望》，《人民日报》海外版，2010 年 1 月 8 日第 1 版。

发展模式，实现“低投入、低排放、高产出”的新型工业化发展模式，才能保持经济的可持续发展。而要实现经济发展方式的转变，应对气候变化、节能减排就是一个极其重要的抓手。这既是我们转化经济发展方式、落实科学发展观的内在需求，也是出于我们对整个人类生存发展、对人类未来的负责任态度，必须从战略高度对待节能减排问题。

关于中国如何开展与发达国家的气候合作，国内存在不同意见。有的学者对美国的合作意图高度怀疑，强调“我们也要看到美国过去搞台独、搞藏独，现在又搞气候变化，这些手段都是为了从中国这里换取它的实际利益。所以，我们必须坚持凡事以“我”为主对我们的可持续发展有利的，我们就去做，跟我们的可持续发展没什么关系的，就先放一放。归根结底，一切要以中国自己的可持续发展为根本准则和目标”。[1]有的学者认为，奥巴马政府在气候变化问题上表现出积极的姿态，既是出于改善美国国际形象的需要，又是出于保持美国未来竞争力的考虑。美国视中国为战略竞争者，不可能免费提供给中国资金、技术，从实质上帮助中国发展低碳经济。应对气候变化，中国要丢掉幻想，坚定地走自己的路。中美在气候问题上的利益分歧，决定了双边合作一个时期内只能是表层的、形式上的。但是，中美在气候问题上，为两国人民计，为全人类计，总是应当谋求由浅入深的负责任的合作。针对美国在气候合作领域走大国路线的橄榄枝，一方面，我们要利用联合国气候公约的框架进程，强调多边道路；另一方面，我们要站住理，敢讲理，防止上当。[2]

这些观点都有一定的道理。但我们的视野不应仅局限于此，应该从新的高度来看待这个问题，即从战略高度重视并积极开展中国与美日欧等发达国家和地区的双边气候合作。其重要意义在于：一方面，通过开展应对气候变化合作，积累互信，有助于中国与其他大国建立更加成熟稳定的双边关系，为中国的和平发展营造和平的国际环境；另一方面，如果单就中

[1] 丁一凡：《在气候变化问题上中国要以“我”为主》，《绿叶》2009 年第 3 期，第 45 页。
[2] 潘家华：《和谐竞争：中美气候合作的基调》，《中国党政干部论坛》2009 年第 6 期，第 42—44 页。

国与某一发达国家的气候合作来看，由于发达国家出于维护国家竞争力优势的考虑，不可能提供核心的低碳技术，但如果中国通过与欧盟、美国、日本、德国、英国和加拿大以及澳大利亚等国和国家集团的双边合作，引起它们之间的某种竞争，就可能获得更多的技术，然后利用中国人的智慧，将这些技术串联起来，加以整合和系统化，效果将令人刮目相看。目前，美、日、欧都非常关心对手与中国的气候合作进展，三者之间正在形成一种对中国有利的竞争态势。我国应抓住机遇，大力推动。

第三，要建立涵盖地方和军队的综合性应对气候变化决策机制。

从 1990 年设立的国家气候变化协调小组（日常工作由国家气象局负责，组长为副总理级）到 2007 年建立的国家应对气候变化领导小组（日常工作由国家发改委负责，组长为总理），中国应对气候变化的决策机制发生了重大变化。

领导小组的主要任务是：研究制定国家应对气候变化的重大战略、方针和对策，统一部署应对气候变化工作，研究审议国际合作和谈判对策，协调解决应对气候变化工作中的重大问题；组织贯彻落实国务院有关节能减排工作的方针政策，统一部署节能减排工作，研究审议重大政策建议，协调解决工作中的重大问题。

领导小组组长为国务院总理，组成人员来自外交部、国家发展改革委员会、科技部、工业和信息化部、财政部、国土资源部、环境保护部、住房和城乡建设部、交通运输部、水利部、农业部、商务部、卫生部、国家统计局、国家林业局、中科院、中国气象局、国家能源局、中国民用航空局、国家海洋局等 20 个政府部门的主要领导。这既反映了中国政府对应对气候变化的高度重视，也反映了中国对气候变化问题认识的深化，即气候变化问题不仅是环境问题，更是发展问题。

当前，气候变化问题的安全化趋势日益明显，气候变化与国家安全之间的互动性加强，我国政府也应与时俱进，吸收国防部和安全部进入国家应对气候变化领导小组，加强军队、国家安全机构和地方的协调，使这一决策机制更加充实和完善。

第四，应大力支持非政府组织在应对气候变化中发挥更大的作用。

有效应对气候变化，必须全民参与。我国政府致力于形成政府推动、企业实施、全社会共同参与的节能减排的工作机制。但目前社会参与的力度和广度远远不够。政府应创造各种条件扶持非政府组织的发展，使它们能真正有效地参与节能减排。国外的经验表明，凡是节能减排卓有成效的国家，非政府组织的活动都十分活跃，作用巨大。

第五，在国际气候谈判中，要更好地做到“硬的更硬，软的更软”。

随着国际气候谈判进程的推移，谈判越来越复杂。国内对中国的谈判政策争论也日趋激烈。有的学者主张中国应在气候谈判大会上明确承诺量化减排指标，立即开始减排，承担起大国责任，显示领导作用。有的学者强调，现有的西方提出的国际谈判方案对中国不公平，应坚持人均历史累计排放权，坚决维护我国的国家利益。这两种观点针锋相对，都有各自的道理。但从实现双赢的国际合作理念出发，二者都有一定偏颇。前者过于激进，中国的基本发展权益恐受损；后者过于强硬和保守，容易成为气候变化谈判失败的替罪羊，中国的国际形象和软实力将受害。因此，当下中国应坚持“硬的更硬，软的更软”的两手政策。所谓硬的更硬，是指中国即使面对压力，也要敢于坚持不承诺绝对量化减排的基本立场。这涉及中国的基本国家利益。所谓软的更软，是要让世界清晰地看到中国应对气候变化的决心和诚意，展示立场的灵活性。

第六，要打造一支能有效执行多样化任务的低碳军队，尽快建立全军应对气候变化委员会。

随着气候变化导致的极端气候事件的频率和烈度的不断增加，人民解放军抢险救灾、维护社会稳定的任务将更加繁重。2009 年，解放军总参谋部颁发了《战略战役训练纲要》规范了我军八种主要的非战争军事行动样式：反恐行动、维稳行动、封边控边行动、海上维权行动、保护海上战略通道行动、重大灾害抢险救灾行动、国际维和行动和国际人道主义救援等。其中，气候变化与重大灾害抢险救灾行动和维稳行动关系密切。因此，加强我军执行多样化任务，包括非军事行动的能力至关重要。

更重要的是，在国防现代化的进程中，我军也消耗了大量能源，成为温室气体排放的重要来源之一。军队在日常的生活保障、执勤、训练、演习、装备和设施的维护，以及道路桥梁、机场营房和发射阵地的建设过程中都会消耗大量能源，排放大量温室气体。在全球气候变化和我国实施低碳发展战略的背景下，军队必须改变发展模式，减少碳排放，提高碳战斗力，实现低碳发展。具体措施包括建立军队建设规划的战略环境评价制度（以碳排放为核心指标），加大油料、燃煤和原材料的节约力度，调整我军能源利用以煤和石油为主的结构，提高利用太阳能、风能、核能等清洁能源的比例，加快研制使用清洁能源的后勤保障装备和其他作战装备。为此，应尽快建立全军应对气候变化委员会进行统一部署和筹划。

第七，应高度重视气候变化导致的国内迁徙和可能的跨国迁徙对国内稳定和周边稳定的消极影响，加强研究，做好预案，并在现有的国家、省、市三级应急管理体系和国家应急预案体系基础上充分考虑气候变化的可能影响，增强国家的危机管理能力。

在实现中华民族伟大复兴的征程中，如果说，美国是最有能力影响中国和平发展的国家，那么，毫无疑问，气候变化将是对中国未来和平发展影响最深远的议题。

当前，我国正处在全面建设小康社会的关键时期，同时也处于工业化、城镇化加快发展的重要阶段，发展经济和改善民生的任务十分繁重。我国人口众多、气候条件复杂、生态环境脆弱，最易遭受气候变化不利影响，适应气候变化的任务十分艰巨，生态文明建设面临新的要求。我国作为发展中国家，经济发展水平相对较低，人均收入只有3000多美元，还有大量的贫困人口，发展仍然是第一要务。在我国目前的发展阶段，能源结构以煤为主，经济结构性矛盾仍然突出，增长方式依然粗放，能源资源利用效率较低，能源需求还将继续增长，控制温室气体排放面临巨大压力和特殊困难，是我国实现可持续发展的重大制约因素。同时，积极应对气候变化，控制温室气体排放，也为我国落实科学发展观、加快转变经济发展方式带来重要机遇。[1]

总之，与其他国家相比，我国应对气候变化面临的挑战之大，前所未有；机遇之大，也前所未有。因此，有效应对气候变化，将挑战转化为机遇，实现可持续发展，需要我们每一个人都来了解气候变化、关注气候变化、重视气候变化，并为此不懈努力！

[1] 发展改革委副主任解振华：《国务院关于应对气候变化工作情况的报告——2009 年 8 月 24 日在第十一届全国人民代表大会常务委员会第十次会议上》。

主要参考文献

中文文献

[1] 艾力雄、刘文忠 . 加强三北防护林建设，防护林建设实现可持续发展目标 .《林业科技》，2007，(10).

[2] 白桂梅 . 国际法 . 北京：北京大学出版社，2006.

[3] 彼得・施瓦兹、达哥・兰德尔 . 国家气候中心刘洪滨、高学杰、任国玉、戴晓苏、徐影、王长科、张莉、赵宗慈、吴统文、刘绿柳和李伟平译：气候突变的情景及其对美国国家安全的意义 .

http://www.ipcc.cma.gov.cn/upload/unfccc/Climate_Change_and_National_Security–c.pdf。

[4] 勃兰特委员会报告 . 争取世界的生存 . 发展中国家和发达国家经济关系研究，北京：中国对外翻译出版公司，1980.

[5] 成福云 . 干旱灾害对 21 世纪初我国农业发展的影响探讨 . 水利发展研究，2002，(2).

[6] 陈文颖、吴宗鑫、何建坤 . 全球未来碳排放权“两个趋同”的分配方法 . 北京：清华大学学报 (自然科学版)，2005，(6) .

[7] 陈燕、郭志勇、单伟 . 丹江口库区气候变化及对生态环境的影响 . 河南气象，2006，(4).

[8] 陈宜瑜、丁永建等 . 中国气候与环境演变评估（II）：气候与环境变化的影响与适应、减缓对策 . 气候变化研究进展，2005，(2) .

[9] 陈迎 . 国际气候制度的演进及对中国谈判立场的分析 . 世界经济与政治，2007，(2).

[10] 陈迎 . 从安全视角看环境与气候变化问题 . 世界经济与政治，2008，(4).

[11] 慈龙骏 . 全球变化对我国荒漠化的影响 . 自然资源学报，1994，(4).

[12] 慈龙骏、杨晓晖、陈仲新 . 未来气候变化对中国荒漠化的潜在影响 . 地学前缘，2002，(2).

[13] 崔大鹏 . 国际气候合作的政治经济学分析，北京：商务印书馆，2003.

[14] 戴晟懋、邱国玉、赵明 . 甘肃民勤绿洲荒漠化防治研究 . 干旱区研究，2008，25（3）.

[15] 邓振镛等 . 干旱灾害对干旱气候变化的响应 . 冰川冻土，2007，(1).

[16] 丁一凡 . 在气候变化问题上中国要以“我”为主 . 绿叶，2009，(3).

[17] 丁一汇等 . 中国南方 2008 年 1 月罕见低温雨雪冰冻灾害发生的原因及其与气候变暖的关系 . 气象学报，2008，(5).

[18] 丁一汇、王守荣 . 中国西北地区气候与生态环境概论 . 气象出版社，2001.

[19] 丁永建、刘时银、叶柏生、赵林 . 近 50a 中国寒区与旱区湖泊变化的气候因素分析 . 冰川冻土，2006,(5).

[20] 丁永建、秦大河 . 冰冻圈变化与全球变暖：我国面临的影响与挑战 . 中国基础科学，2009，(3).

[21] 丁仲礼、段晓男、葛全胜、张志强 .2050 年大气 CO_2 浓度控制：各国排放权计算 . 中国科学，2009，39（8）.

[22] 丁一汇 . 中国的气候变化与气候影响研究 . 北京：气象出版社，1997.

[23] 樊纲 . 走向低碳发展：中国与世界：中国经济学家的建议 . 北京：中国经济出版社，2010.

[24] 国家防汛抗旱总指挥部和中华人民共和国水利部 . 中国水旱灾害公报，2006. 北京：中国水利水电出版社，2007.

[25] 国务院环境保护委员会秘书处 . 国务院环境保护委员会文件汇编（二）. 北京：中国环境科学出版社，1995.

[26] 高启晨、陈利项 . 西气东输工程沿线陕西段洪水风险评价 . 自然灾害学报，2004，(5).

[27] 何建坤、刘滨、王宇 . 全球应对气候变化对我国的挑战与对策 .《清华大学学报》(哲学社会科学版)，2007，(5).

[28] 胡鞍钢 . 通向哥本哈根之路的全球减排路线图 . 当代亚太，2008，(6).

[29] 黄维、朱耘 . 西北地区沙尘暴的危害及对策 . 干旱区资源与环境，1998，(3).

[30] 季荣耀、罗章仁等 . 广东省海岸侵蚀特征及主因分析 . 载第十四届中国海洋（岸）工程学术讨论会论文集 .

[31] 季子修 . 中国海岸侵蚀特点及侵蚀加剧原因分析 . 自然灾害学报 .1996，5(2).

[32] 金会军、王绍令 . 中俄管道（漠河—乌尔其段）多年冻土环境工程地质区划和评价 . 水文地质工程地质，2009，(4).

[33] 李栋梁 . 青藏高原及铁路沿线地表温度变化趋势预测 . 高原气象 .2005，（ 5 ）.

[34] 李福祥、王少利 . 中国主要产粮区洪涝灾害与粮食增产潜力 . 中国减灾，2002，(2).

[35] 李国玉、金会军 . 中国—俄罗斯原油管道漠河—大庆段冻土工程地质考察与研究进展 . 冰川冻土，2008，(1).

[36] 李加林、王艳红、张忍顺、葛云健、齐德利、张殿发 . 海平面上升的灾害效应研究——以江苏沿海低地为例 . 地理科学，2006，(1).

[37] 联合国政府间气候变化专门委员会 . 气候变化 2007 ：综合报告 . 瑞士日内瓦，2007.

[38] 刘国华、傅伯杰 . 全球气候变化对森林生态系统的影响 . 自然资

源学报，2001，（1）.

[39] 刘玲、沙奕卓、白玉明 . 中国主要农业气象灾害区域分布与减灾对策 . 自然灾害学报，2003，(2).

[40] 刘杜娟 . 相对海平面上升对中国沿海地区的可能影响 . 海洋预报，2004，21（2）.

[41] 刘时银、丁永建 . 中国西部冰川对近期气候变暖的响应 . 第四纪研究，2006，(5).

[42] 美国国家情报委员会编，中国现代国际关系研究院美国研究所译 . 全球趋势 2025：转型的世界 . 时事出版社，2009.

[43] 茅于轼 . 气候变暖与人类的适应性——气候变化的物理学和经济学分析 . 绿叶，2008，(8).

[44] 那平山、王玉魁、满都拉、徐树林 . 毛乌素沙地生态环境失调的研究 . 中国沙漠，1997，17(4).

[45] 潘家华 . 后京都国际气候协定的谈判趋势与对策思考 . 气候变化研究进展 .2005，(1).

[46] 潘家华 . 人文发展分析的概念构架与经验数据——以对碳排放空间的需求为例 . 中国社会科学，2002，(6).

[47] 潘家华 . 满足基本需求的碳预算及其国际公平与可持续含义 . 世界经济与政治 .2008，(1).

[48] 潘家华、郑艳 . 碳排放与发展权益 . 载杨洁勉主编:《世界气候外交与中国的应对》. 北京：时事出版社，2009.

[49]《气候变化国家评估报告》编写委员会编著 . 气候变化国家评估报告 . 北京：科学出版社，2007.

[50] 钱正安、宋敏红、李万元 . 近 50 年来中国北方沙尘暴的分布及变化趋势分析 . 中国沙漠 .2002，22(2).

[51] 秦大河 . 全球气候与环境演变及对策 .《中国科技奖励》, 2005, (1).

[52] 秦大河等总主编，陈宜瑜主编 :《中国气候与环境演变》下卷——

《气候与环境变化的影响与适应、减缓对策》. 北京：科学出版社，2005.

[53] 秦大河总主编，丁一汇主编 :《中国西部环境演变评估》第二卷——《中国西部环境变化的预测》. 北京：科学出版社，2002.

[54] 秦大河等总主编，陈宜瑜主编 :《中国气候与环境演变》下卷——《气候与环境变化的影响与适应、减缓对策》. 北京：科学出版社，2005.

[55] 秦大河总主编 .《中国气候与环境：2012 年》第二卷——《影响与脆弱性》上册，2012.

[56] 秦大河总主编 . 中国西部环境演变评估综合报告 . 北京：科学出版社，2002.

[57] 丘君、陈利项等 . 施工干扰下的生态系统稳定性评价——以西气东输工程沿线新疆干旱荒漠区为例 . 干旱区地理 .2006，(4).

[58] 曲格平 . 关注中国生态安全 . 北京：中国环境科学出版社，2004.

[59] 任国玉、徐影 . 从未来气候情景看主要发达国家的气候谈判立场 . 中国科技论坛 .2006，(2) .

[60] 任朝霞、杨达源 . 近 50a 西北干旱区气候变化趋势及对荒漠化的影响 . 干旱区资源与环境，2008 ，22 (4).

[61] 任美锷 . 黄河、长江和珠江三角洲近 30 年海平面上升趋势及 2030 年海平面上升的预测 . 气候变化 2007 综合报告，
http://www.ipcc.ch/pdf/assessment-report/ar4/syr/ar4_syr_cn.pdf。

[62] 申元村、杨勤业、景可、许炯心 . 我国的沙暴、尘暴及其防治 . 科技导报 .2000，(8).

[63] 世界环境与发展委员会 . 我们共同的未来 . 王之佳等译 . 长春：吉林人民出版社，1989.

[64] 施雅风主编 . 简明中国冰川目录 . 上海：上海科学普及出版社，2005.

[65] 苏志珠、卢琦、吴波、靳鹤龄和董光荣 . 气候变化和人类活动对我国荒漠化的可能影响 . 中国沙漠，2006，26(3).

[66] 苏伟 . 中国政府如何应对气候变化 . 绿叶，2008，(8).

[67] 苏伟、吕学都、孙国顺 . 未来联合国气候变化谈判的核心内容及前景展望——“巴厘路线图”解读 . 气候变化研究进展，2008，(1).

[68] 王宝鉴、宋连春、张强 . 石羊河流域水资源对气候变暖的响应及对生态环境的影响 . 地球科学进展，2007，22(7).

[69] 王宝鉴、张强、张杰 . 对民勤绿洲生态退化问题的探讨 . 干旱气象，2004，22(4).

[70] 王馥棠 . 近十年我国气候变暖影响研究的若干进展 . 应用气象学报》，2002，(6).

[71] 王缉思 . 关于构筑中国国际战略的几点看法 . 国际政治研究，2007，(4).

[72] 王缉思 . 中国国际战略评论 2009. 北京：世界知识出版社，2009.

[73] 王铁崖 . 国际法 . 北京：法律出版社，1984.

[74] 王金南等 . 环境安全管理：评估与预警 . 北京：科学出版社，2007.

[75] 王绍令、赵秀锋 . 青藏公路南段岛状冻土区内冻土环境变化 . 冰川冻土，1997，(3).

[76] 王伟光、郑国光主编 . 应对气候变化报告：通向哥本哈根 . 北京：社会科学文献出版社，2009.

[77] 王维强、葛全胜 . 论温室效应对中国社会经济发展的影响 . 科技导报，1993，(3).

[78] 吴青柏、刘永智、施斌、张建明等 . 青藏公路多年冻土区冻土工程研究新进展 . 工程地质学报，2002，(1).

[79] 吴青柏、程国栋、马巍 . 多年冻土变化队青藏铁路工程的影响 . 中国科学 D 辑，2003，(3).

[80] 夏东兴、王文海、武桂秋等 . 中国海岸侵蚀述要 . 地理学报，1993，(5).

[81] 吴青柏等 . 青藏高原多年冻土监测及近期变化 . 气候变化研究进展，2005，(1).

[82] 吴青柏等 . 多年冻土变化对青藏铁路工程的影响 . 中国科学 D 辑，2003，(3).

[83] 谢飞、孟祥明、马卓坤 . 清洁发展机制市场发展及其对我国的影响 . 中国财政，2009，(8).

[84] 解振华主编 . 国家环境安全战略报告 . 北京 : 中国环境科学出版社，2005.

[85] 熊光楷 . 当今中国的安全政策 . 国际战略研究 .2008，(4).

[86] 徐明、马超德 . 长江流域气候变化脆弱性与适应性研究报告摘要 . 北京 : 中国水利水电出版社，2009.

[87] 徐玉高、何建坤 . 气候变化问题上的平等权利准则 . 世界环境，2002，(2).

[88] 杨东平主编 . 中国环境发展报告 2009. 北京 : 社会科学文献出版社，2009.

[89] 杨富强、侯艳丽 . 击破气候变化谈判的“坚壳”. 北京 : 时事出版社，2009.

[90] 杨学祥 . 提防“气候恐怖主义”偷袭中国 . 环球时报，2007-4-24(11).

[91 叶柏生等 .100 多年来东亚地区主要河流径流变化 . 冰川冻土，2008，(4).

[92] 余某昌 . 生态安全 . 西安 : 陕西人民教育出版社，2006.

[93] 虞卫国、陈克龙 . 青海湖环湖区沙漠化土地的遥感动态研究 . 盐湖研究，2002，(4).

[94] 张海东、罗勇等 . 气象灾害和气候变化对国家安全的影响 . 气候变化研究进展，2006，(3).

[95] 张海滨 . 气候变化与中国国家安全 . 北京 : 时事出版社，2010.

[96] 张海滨 . 中国与国际气候变化谈判 . 国际政治研究，2007，(1).

[97] 张海滨 . 有关世界环境与安全研究中的若干问题 . 国际政治研究，

2008，(2).

[98] 张海滨 . 气候变化正在塑造 21 世纪的国际政治 . 外交评论，2009，(6).

[99] 张海滨 . 哥本哈根会议重大问题断想 . 绿叶，2009，(1).

[100] 张海滨 . 气候变化与中国国家安全 . 国际政治研究，2009，(4).

[101] 张海滨 . 美国关于气候变化对国家安全影响的研究述评 . 气候变化研究进展，2009，(3).

[102] 张海滨 . 联合国与气候变化 . 载联合国协会主编 . 中国的联合国外交 . 世界知识出版社，2009.

[103] 张海滨 . 应对气候变化 : 中日合作与中美合作比较研究 . 世界经济与政治，2009，(1).

[104] 张海滨 . 奥巴马执政后中美应对气候变化合作面临的挑战和机遇 . 国际问题论坛，2009，(54).

[105] 张海滨 . 中美应对气候变化合作：挑战与机遇 . 国际经济评论 .2007，(6).

[106] 张海滨 . 联合国与国际环境治理 . 国际论坛，2007，(5).

[107] 张海滨 . 论国际环境保护对国家主权的影响 . 欧洲研究,2007,(3).

[108] 张海滨 . 中国与国际气候变化谈判 . 国际政治研究，2007，(1).

[109] 张海滨 . 国际环境保护正在重新塑造国家主权 . 绿叶，2007，(4).

[110] 张海滨 . 应对气候变化:中国外交面临重大挑战 . 绿叶，2007，(8).

[111] 张海滨 . 中美应对气候变化合作：现状与未来 . 绿叶，2007，(12).

[112] 张海滨 . 中国在国际气候变化谈判中的立场：连续性与变化及其原因解析 . 世界经济与政治，2006，(5).

[113] 张海滨 . 美国关于气候变化对国家安全影响的研究述评 . 气候变化研究进展，2009，(3). [114] 张海滨 . 联合国与气候变化 . 载陈健主编 . 中国的联合国外交 . 北京：世界知识出版社，2009.

[115] 张海滨 . 环境与国际关系：全球环境问题的理性思考 . 上海：上

海人民出版社，2008.

[116] 张建明等 . 青藏铁路冻土路基沉降变形预测 . 中国铁道科学，2007，(3).

[117] 张建云等 . 气候变化对中国水安全的影响研究 . 气候变化研究进展，2008，(5).

[118] 张菊生 . 对淮河流域 2000 年严重干旱的反思 . 治淮，2001，(5).

[119] 张坤民、温宗国 . 中国关于全球变暖的观点与对策 . 中国软科学，2001，(7).

[120] 赵茂盛、Ronald P.N. 等 . 气候变化对中国植被可能影响的模拟 . 地理学报，2002，(1).

[121] 章沁生 .2008 抗击南方雨雪冰冻灾害 . 解放军报，2009-1-4(8).

[122] 中国科学院可持续发展战略研究组 .2009 中国可持续发展战略报告 ---- 探索中国特色的低碳道路 . 北京：科学出版社，2009.

[123] 中国科学院地学部 . 海平面上升对中国三角洲地区的影响及对策 . 北京：科学出版社，1994.

[124] 中国水利部 . 中国 1998 大洪水 . 中国水利，1999，(5).

[125] 周大地等 . 中国能源问题研究 2003. 北京：中国环境科学出版社，2005.

[126] 邹骥 . 气候变化领域技术开发与转让国际机制创新 . 环境保护，2008，(5).

[127] 左书华、李蓓 . 近 20 年中国海洋灾害特征、危害及防治对策 . 气象与减灾研究，2008，(4).

英文文献

[1]Abul Kalam, Environment and Development: Widening Security Frontier and the Quest for a New Security Framework in South Asia, BIISS Journal, vol. 19, No. 2, 1989.

[2]Alan Dupont, Graeme Pearman, heating up the planet Climate Change and Security. 2006, http://lowyinstitute.richmedia-server.com/docs/AD_GP_Climate Change.pdf.

[3]Anthony Bergin and Jacob Townsend, A change in climate for the Australia Defense Force, ASPI Special Report, July 2007.

[4]Athol Yates and Anthony Bergin, Hardening Australia: Climate change and national disaster resilience, ASPI Special Report, August 2009.

[5]Barry Buzan and Lene Hansen, International Security, SAGE Publications, 2007.

[6]Brahma Chellaney, Climate Change and Security in Southern Asia: Understanding the National Security Implications, RUSI Journal, April 2007, Vol. 152, No. 2; Climate Change and National Security: Preparing India for New Conflict Scenarios, The Indian National Interest Policy Brief, No. 1, April 2008.

[7]Climate Change and International Security, Paper from the High Representative and the European Commission to the European Council 14 March 2008, http://www.consilium.europa.eu/ueDocs/cms_Data/docs/pressData/en/reports/99387.pdf.

[8]Chris Abbott, Paul Rogers and John Sloboda, Global Responses to Global Threats: Sustainable Security for the 21st Century, June 2006, http://oxfordresearchgroup.org.uk/sites/default/files/globalthreats.pdf.

[9]Chris Abbott, An Uncertain Future: Law Enforcement, National Security and Climate Change, Briefing Paper, January 2008, http://www.reliefweb.int/rw/

lib.nsf/db900sid/KKAA-7B72HT/$file/Full_Report.pdf?openelement.

[10]David D. Zhang, Peter Brecke, Harry F. Lee, Yuan-Qing He, and Jane Zhang, Global climate change, war, and population decline in recent human history, Proceedings of the National Academy of Sciences of the United States of America， Dec 2007; vol 104 (issue 49) .

[11]German Advisory Council on Global Change, Climate Change as a Security Risk, http://www.wbgu.de/wbgu_jg2007_engl.pdf.

[12]Government of Japan, Becoming a Leading Environmental Nation in the 21st Century: Japan’s Strategy for a Sustainable Society, http://www.env.go.jp/en/focus/attach/070606-b.pdf.

[13]Kelly Sims Gallagher, U.S.-China Energy Cooperation: A Review of Joint Activities Related To Chinese Energy Development Since 1980, http://www.belfercenter.org/experts/102/kelly_sims_gallagher.html?.

[14]Gurneeta Vasudeva, Environmental Security: A South Asian Perspective, http://unpan1.un.org/intradoc/groups/public/documents/APCITY/UNPAN015801.pdf.

[15]Halvard Buhaug, Nils Petter Gleditsch and Ole Magnus Theisen, Implications of Climate Change for Armed Conflict, 2008, http://siteresources.worldbank.org/INTRANETSOCIALDEVELOPMENT/Resources/SDCCWorkingPaper_Conflict.pdf.

[16]Henry M. Paulson Jr., A Strategic Economic Engagement: Strengthening U.S.-Chinese Ties, Foreign Affairs, Vol. 87, Issue.5,September/October 2008.

[17]Homer-Dixon, Environmental Scarcities and Violent Conflict: Evidence from Cases, International Security, Vol. 19, No. 1 (Fall 1994).

[18]Idean Salehyan, From Climate Change to Conflict? No Consensus Yet, Journal of Peace Research, 2008, 45(3).

[19]IOM, Migration, Environment and Climate Change: Assessing the

Evidence, http://wwww.reliefweb.int/rw/lib.nsf/db900sid/HHVU-7YJEA6/$file/Full_Report.pdf?openel ement.

[20]IPCC, Climate Change 2007: Mitigation. Contribution of Working Group III to the Fourth Assessment Report of the Intergovernmental Panel on Climate Change, Cambridge University Press, Cambridge, United Kingdom and New York, NY, USA.

[21]IPCC, Climate Change 2007: Impacts, Adaptation and Vulnerability. Contribution of Working Group II to the Fourth Assessment Report of the IPCC. IPCC, Geneva.

[22]John J. Cobrssen, U.S. International Interests, Sustainable Development, and the Precautionary Principle, in Terry L. Anderson and Henry I. Miller, ed., The Greening of U.S. Foreign Policy, California: Hoover Institution Press, 2000.

[23]Joshua W. Busby, Climate Change and National Security: An Agenda for Action, CSR No.32, November 2007.

[24]Kurt M. Campbell, Jay Gulledge,al., The Age of Consequences: The Foreign Policy and National Security Implications of Global Climate Change, http://www.csis.org/media/csis/pubs/071105_ageofconsequences.pdf.

[25]Michael E. Brown, Owen R. Cote Jr. et al, eds., New Global dangers: Changing Dimensions of International Security, London: The MIT Press, 2004.

[26]Onno Kuik, Jeroen Aerts, et al, "Post-2012 climate policy dilemmas: a review of proposals, Climate Policy , 8 (2008).

[27]Richard H. Ullman, Redefining National Security, International Security, Vol.8, No.1, Summer 1983.

[28]Roland Dannreuther, International Security: The Contemporary Agenda. UK: Polity Press, 2007.

[29]Tao, F.L., M. Yokozawa, Y. Hayashi and E. Lin, A perspective on water resources in China: interactions between climate change and soil degradation.

Climatic Change, 68(1-2), 2005.

[30]The CNA Corporation, National Security and the Threat of Climate Change, http://securityandclimate.cna.org/ report/National%20Security%20and%20the%20 Threat%20of% 20Climate%20Change.pdf.

[31]Thomas Fingar, National Intelligence Assessment on the National Security Implications of Global Climate Change to 2030, http://www.dni.gov/testimonies/20080625_testimony.pdf.

[32]Tora, Skodvin and Steinar,Andresen, Leadership Revisited, Global Environmental Politics , Volume 6, Number 3, August 2006.

[33]United Nations Environment Programme , Sudan Post-Conflict Environmental Assessment,
http://sudanreport.unep.ch/UNEP_Sudan.pdf.

[34]United Nations Environment Programme and New Energy Finance Limited, Global Trends in Sustainable Energy Investment 2009, http://www.unep.fr/energy/finance/pdf/Global_Trends_2009%20(July%2009)%20new%20ISBN.pdf.

[35]Urs Luterbacher and Detlef F.Sprinz,eds., International Relations and Global Climate Change,. Cambridge, MA: MIT Press,2001.

[36]Yasuko Kawashima, A comparative Analysis of the Decision-making Process of Developed Countries toward CO_2 Emissions Reduction Targets, International Environmental Affairs, Vol.9, Mp.2, Spring 1997.

[37]ZHANG Zhihong, The forces behind China' s climate change policy: Interests, sovereignty, and prestige, in Paul G. Harris, ed., Global Warming and East Asia: The Domestic and International Politics of Climate Change.London: Routledge, 2003.